시세를 연구한다

왜 오르고 왜 떨어지는가

구라쓰 야스유키 지음

편집부 옮김

전파과학사

【지은이】

구라쓰 야스유키는 돗토리 출신으로 도쿄대학 경제학부를 졸업한 후 도쿄
은행에 입행, 도쿄, 런던, 홍콩에서 국제금융시장 업무에 종사했다. 런던
의 캐피털마켓사에서 '리스크 매니지먼트 그룹'을 통괄하고 있다. 금융시
장에서의 상품 개발과 주요국의 금리나 환시장을 대상으로 한 계량적 접
근과 관련한 매매수법의 연구를 하고 있다. 저서로는 『시세를 연구한다』
등이 있다.

프롤로그

시세란 말에서 어떤 일을 연상하게 될까?

사람에 따라 여러 가지로 마음에 떠오르는 일이 다른 것은 물론이거니와 시대에 따라서도 꽤 다른 이미지가 떠오를 것이다. 얼마 전까지도 시세는 몇 사람 안 되는 투자자들의 세계라는 인상이 강했던 것만은 사실이다. 투자가 아니라 투기라는 시각에서 보았던 것이다. 그리고 시세의 대표라고 하면 주식 혹은 곡물 같은 상품이 아니었을까.

지금도 시세 그 자체의 본질에는 변함이 없다. 그럼에도 불구하고 다양한 시장이 발전했으며, 기업이나 개인을 막론하고 시세와 밀접하게 관련되기에 이르렀다. '시세'라는 것은 특수한 사람들의 것이 아니었으므로 단번에 일상생활 속으로 파고 들어왔다.

주식이나 원유, 귀금속 같은 상품뿐만 아니라 외국환 어음, 채권, 예금 등의 시장도 텔레비전이나 신문의 극히 일반적인 소식으로 다루게 되었다. 또한 국내뿐 아니라 미국, 유럽 등의 시장 보도도 자주 접할 수 있게 되었다.

이러한 환경에서 시세의 움직임은 여러 부류의 사람들에게 관심과 주목을 받게 되었다. 또한 '시세가 어떻게 되어가는 것인가'에 대한 예측도 많은 사람이 여러 가지 방법으로 시도하고 있다.

하지만 주식으로 대표되는 것처럼 지금까지 많은 사람에게 시세란 어떤 개별의 종목을 어떻게 고르는가 하는 문제였거나, 사는 시점을 어디에 두는가, 즉 어느 수준에서 사면 언제 시세는 상승하는가 등의 문제의식만을 갖고 있었던 것처럼 여겨진다. 일본도 주식시장의 이미지라고 하면 떠오르는 것처럼 크게 오른 후의 폭락이라는 과정(이것 자체가 긴 시세의 역사에서는 아무것도 아닌 평범한 일이지만)을 거쳤다. 주를 갖고 있기만 하면, 뭐 좋은 일이 있겠지 하는 식의 신화는 적어도 현재에는 깨졌다고 봐도 좋다.

특히 일본에서는 오랫동안의 암거래 속에 잠재해 있었던(것으로 여기는) 병원체가 물거품같이 사라지는 것과 함께 매우 충격적이고 부도덕한 사건의 형태로 그 모습을 항간에 노출시켜 주식뿐 아니라 금융시장 전반에 대한 신뢰감을 흔들어 놓고 있다. 이것은 경기순환이라는 별개의 관점에서 보면 급격하게 확대되어 80년대에 성숙을 이룬 금융계가 혼미 혹은 불황의 '90년대로 이행되었다고도 해석할 수 있다. 다만 이러한 시기에도 시세는 존재하는 것이며, 바꾸어 말하면 존재해야 하고 기능을 다할 것을 요구당하고 있는 것이다.

시장 메커니즘을 하부구조로 보고 그 위에 성립하는 경제체계에서 시장을 지탱하는 참가자, 거래의 장 그리고 자유로운 매매제도는 필요불가결하다. 만일 그것이 축소균형의 길을 지향하려고 해도 소멸하는 일은 없다. 일본뿐 아니라 세계적으로 금융시장의 활성도가 저하하고 있다고는 하지만, 이것은 생각해 보면 단순한 축소가 아니고 큰 구조변화를 금융계에 요구하고 있는 하늘의 소리인지도 모르겠다.

너무 거창하게 늘어놓은 것 아닌지 모르겠으나, 요컨대 시세를 바라보는 데 있어서조차 종래의 상식은 통용될 수 없는 가능성이 높아져 간다는 걱정이 들게 마련이다.

그런 뜻에서 주든, 환시세든, 금리든 요즘처럼 시세를 보는 안목이 시련에 처한 시대는 없다. 다시 말하면 시세 전문가로서의 자질을 지금처럼 엄격하게 사문(査問)받게 된 적은 일찍이 없었다.

　결정할 문제가 시세에 대한 접근방법이란 것에는 틀림없다. 경험도 물론 필요하지만, 여기에 플러스알파가 요구되고 있으므로 그것이 시세에 관계하는 전문가로서의 자질을 결정짓는 것이라고 여겨진다.

　이 책은 그와 같은 문제의식을 토대로 다양한 이론을 이용하거나 발상이나 장난기도 중요시하면서, 예측이 어려운 시세의 흐름 속에서 어떻게 효율적이고 요령 있게 활동할 수 있는지에 대한 생각을 정리한 것이다.

　그런 뜻에서 여기에서 다룬 모델이 완성품이라고 말하려는 생각은 추호도 없다. 오히려 이러한 것을 기초로 하여 다양하게 응용을 반복한다면 새로운 전개도 기대할 수 있을 것이며, 그것이 이 책의 목표이기도 하다. 실제로 시세에 관여하고 있는 사람들뿐만 아니라 앞으로 금융기관에 취직하려고 생각하는 분이나 공부하기를 좋아하는 분들도 아무쪼록 생각해 보기를 바란다.

　1장과 2장은 시세에 대한 일반적인 묘사와 금융기관과 시세와의 관계에 대해 이야기한 것이다. 실무자인 분들은 이미 숙지하고 있을 것으로 생각된다. 3장에서는 도표를 사용한 체계적인 모델을 고찰하고, 4장에서는 확률이나 통계와 같은 사고법을 이용한 모델에 대해 설명하기로 한다. 5장에서는 다변량해석 중에서 중회귀분석을 사용한 재정거래 모델을, 6장에서는 그 외의 다변량해석법을 시세에 적용하는 아이디어에 대해 소개하기로 한다. 끝으로 7장에서 투자이론이나 퍼지이론 등 요즈음 유행하고 있는 이론을 시세 분석에 이용하는 방법에 대해 설명했다.

　최근에는 현대 수학의 분야, 예를 들면 카오스나 프랙털 같은 사고법을 금융시장에 도입한 연구도 시작하고 있다. 이 책에서는 다루지 않았으나, 특히 카오스('혼돈'이라는 뜻하고는 약간 다르다) 는 얼핏 보기에 무작위적인 움직임 같은데도 실은 어떤 규칙성을 갖는 묘사가 숨겨져 있는 것이 아닌가 하는 과제에 암시를 제공할 가능성이 있다.

이처럼 시세를 분석하는 방법은 여러 가지가 있다. 순수한 이공학과와는 달리, 명백한 개념이나 정의 같은 것을 형성하는 것은 어렵다고 말하지 않을 수 없다. 다만 다양한 방법으로 접근을 모색함으로써 보다 확실한 수익성을 추구하는 것은 가능하다.

내용을 파악하면 이해할 수 있으리라 여기지만 이 책에서는 기본적으로 자신에게 알맞은 방법을 찾아내는 데 주력하도록 하고 있다. 요즈음에는 시장 분석, 조작 모델로서 복잡한 알고리즘이나 인공지능, 뉴로 같은 중요한 부분을 내용으로 하는 전혀 알 수 없는 장치가 여러 가지 발표되고 있다. 다만 이용하는 입장에서 보면 이른바 하이테크의 영역으로 정해진 텔레비전 같은 것으로 그 본질적인 가치에 대해서는 의문을 갖지 않을 수 없다. 또한 더 큰 문제는 사용자의 입장에서 그 모델을 개량하려는 생각을 하게 될 때는 어떻게 해야 할지 아주 난감한 처지에 빠지게 된다(대체로 이런 종류의 장치는 언젠가는 개량, 수정을 하게 된다).

솔직히 말하면, 이 책에서 시도하고자 하는 것은 조금이라도 감도가 좋은 라디오를 만들어 보자는(좀 낡은 생각일지 모르겠으나) 자작 모델에 대한 욕구이다. 시중에서 판매하는 완성도가 높은 제품의 고장 수리는 좀처럼 손을 쓸 수 없으나, 자작한 오디오 앰프의 고장은 직접 수리할 수도 있고 노력 여하에 따라서는 자력으로 기능 향상도 가능하다는 것이 근본 사상이다.

다루어 본 모델의 데이터는 각 국채선물시장의 것이 중심이 되었으나, 이것은 어디까지나 필자의 사정이고 실제로는 자신의 모델로서 응용할 수 있는지 어떨지는 각각의 데이터를 검증해 보기 바란다.

이 책을 마무리 짓는 데 있어서 많은 분의 도움을 받았다. 도쿄은행의 아사노 씨로부터는 이 책에서 다룬 모델의 실제 조작에 대해서 매우 귀중한 조언을 얻었다. 역시 도쿄은행의 야나기사와 씨로부터는 생각하는 방법의 잘못에 대해 정정을 받을 수 있었고, 모델 작성에 있어서 특히 많은 도움을 받아 크게 신세를 지게 되었다. 그리고 동료인 우에노 군, 사토 군, 아라이 군과 하야카와 씨로부터는 바쁜데도 불구하고 모델 작성에 있어 많은 도움을 받았기에 지면을 통해 감사를 전하고 싶다.

나아가서 고단샤의 후쿠시마 씨로부터는 기획의 단계부터 여러 가지로 애써준 데 대한 고마움에 감사를 드린다.

끝으로 이 원고를 쓰는 데 있어 변함없이 필기도구를 제공해준 나의 아들인 쇼헤이, 유키에게도 고맙다는 말을 하고 싶다.

구라쓰 야스유키

차례

프롤로그   3

1장 시세란 무엇인가 ··· **13**
    1. 시세는 생활 속에 있다   14
    2. 어떤 힘이 시세를 움직이는가   19
    3. 거품이 미친 영향   22
    4. 금융기관의 시세와의 관련   27

2장 시세는 연구할 수 있는가 ································· **33**
    1. 어떻게 판단하는가   34
    2. 도표의 이점과 약점   38
    3. 장기적 시야인가 단기매매인가   43
    4. 과학은 시세의 조미료   46

3장 도표는 장래를 말해 주는가 ························· **51**
    1. 도표의 약점을 보강한다   52
    2. 언제 팔고 언제 살 것인가   56
    3. 매매실적을 확인한다   59
    4. 만능의 매매방법은 있는가   62
    5. 시세를 통계적 시각으로 본다   65

4장 확률로 시세를 생각한다 ································· **71**

1. 확률적 발상법　72

2. 단위 기간의 수익으로 생각한다　74

3. 유리하나 두려운 마틴겔　81

4. 떨어지면 산다　89

5. 확률발상의 문제점　97

6. 확신을 갖고 살 수 있는가　99

5장 중회귀를 사용하여 거래한다 ················· **105**

1. 얼핏 보아 무관계한 관계를 찾는다　106

2. 예측에 대한 중회귀　111

3. 환시세와 금리의 관계를 탐구한다　113

4. 중회귀 모델은 쓸모가 있는가　121

5. 중회귀 모델의 문제점　126

6장 다변량해석으로 시세에 도전한다 ················· **131**

1. 복잡성에 도전하는 다변량해석　132

2. 어느 쪽에 가까운가를 분석하는 판별 분석　136

3. 시세의 오르내림을 어떻게 판별하는가　145

4. '질'에서 '양'을 예측한다　148

5. '질'에서 '질'을 어떻게 예측하나　157

7장 '장난기'로 시세를 생각한다 ················· **165**

1. 포트폴리오와 이론　166

2. 위험회피에는 평균-분산 접근　168

3. 이론과 의지, 어느 쪽을 우선하는가　177

4. 퍼지는 엄밀한 계산으로 애매한 답을 낸다   182

8장 시세와 과학(결론에 가름하여) ·· 187
1. 위험을 줄이고 수익을 늘린다   188
2. 끝으로 한마디   190

1장
시세란 무엇인가

1. 시세는 생활 속에 있다

여러분들 중에는 실제로 무엇인가의 시세에 관련하고 있는 사람도 있을 것이고, 전혀 시세와는 인연이 없다고 말하는 사람도 있을 것이다.

그러나 요즘 통신 미디어의 발전이나 국내외 경제 문제에 대한 관심이 높아지고 있고 또한 실제로 경제가 해외 여러 나라와 밀접한 관계를 갖게 되므로, 외국환시세를 비롯하여 주식시세, 상품시세, 채권시세와 같은 이른바 시장정보를 국내의 현황뿐만 아니라 해외 주요국의 현황까지도 신문, 텔레비전, 잡지를 통해 접촉할 기회가 늘어나고 있다.

이러한 현황에 대한 접촉방법도 사람마다 각기 다를 것이다. 차입금의 금리 수준, 수출입 계약 시의 환율 등에 민감할 수밖에 없는 기업의 경영자나 재무담당자, 신문은 우선 주식란부터 살펴볼 것이다. 또 살림의 여기저기에서 절약하여 남편 몰래 모은 돈을 모두 주식에 투자했다는 주부, 경제예측을 위해 데이터 수집으로 여러 가지 숫자를 컴퓨터에 입력하여 분석하는 연구자, 수시로 시세가 변화하는 과정에서 교묘하게 사고팔기를 되풀이해야 하는 증권업자 등 받아들이는 방법은 사람에 따라 천차만별이라고도 할 수 있다.

그런데 시세라는 것이 인간의 역사상 언제쯤부터 어떤 형태로 발생했는가 하는 것은 흥미 있는 과제이다.

유감스럽지만 이 방대한 의문에 대해 정확하게 대답할 수는 없다. 생각하기에 따라서는 큰 돌이나 조개껍데기가 화폐로 사용된 초기의 화폐경제에서 아름다운 조가비를 독점하여 제일가는 부자가 되려고 했던 사람도 시세꾼이라고 말할 수 있을 것 같다. 또한 물물교환 시대에도 자신에게 유리한 상담을 성립시켜 이익을 올리는 것이 시세를 압도하는 것이었다고도 말할 수 있다.

일반적으로 시세란 어느 거래의 장에서 자유롭게 가격 결정이 이루어지는 매매거래를 가리키는 일이 많은 것 같다. 그렇다면 관리된 가격으로 시장에서의 매매활동은 시세에 의한 거래라고는 말하기 어렵다. 즉 고정환율제도상에서의 외국환시장도 시세라고 말하기에는 좀 어려울 것 같다.

그런 뜻에서 '시세'라는 개념을 가장 이해하기 쉬운 것이 에도 시대의 오사카 도시마의 쌀 거래가 아니었을까. 이 거래는 세계에서 최초로 이루어진 선물거래라고 일컬어지고 있다. 나아가서 사카다오법으로 잘 알려져 있는 일본 고래의 도표 분석법의 기초가 된 것으로도 잘 알려져 있다. 시대는 아직 컴퓨터의 'ㅋ'자도 없는 18세기 초였으나, 이 쌀 시세에는 이미 산술적인 접근이 출현했던 것으로 여겨진다. 그리고 이것은 시세와 과학이 최초로 접촉한 것이었다고 말할 수 있을지도 모르겠다.

그러나 그 후의 양자의 관계는 의외로 늦은 속도로 진행되었다. 그리고 때로는 직능인 특유의 기술 속에서 과학적 접근이 태어나기는 했으나 일반적인 표현으로 말한다면 성장하지 않은 것이었는지도 모른다.

시세의 역사는 어찌 되었건 오늘날처럼 다양한 시세가 일상생활을 둘러싸고 있는 시대는 일찍이 없었을 것이다. 항간에서는 엔고(円高)니 주가가 낮으니 하면서 시끄러워 견딜 수 없다고 생각하는 사람들이 초조해하고 있다 한들, 시세와 관련 없이 살아가고 있다는 것은 우선 있을 수 없는 일이 아닐까.

보통 시세라면 전설적인 시세꾼, 투기, 파산, 악덕선물업자 같은 일상생활하고는 어느 정도 거리가 먼 인상을 받기 쉽다. 사전을 들춰 봐도 시세를 '가격의 오르내림을 이용하는 투기적인 거래'라고 정의하고 있는 사전도 있다.

이러한 시각으로 시세를 바라보면 으레 비전문가는 시세에 손을 내밀어서는 안 된다는 결론에 이르게 된다.

물론 이 말에도 일리는 있을 것이다. 그렇지만 다양한 시세 거래가 이미 우리의 생활 속에 꽤 깊이 관계하고 있다는 사실을 명확하게 인식할 필요가 있으며 또한 시세라는 것의 존재 의의를 확인하는 것도 필요할 것이다.

예를 들어, 엔고니 달러고니 하는 소리로 친숙해진 외국환시세 등, 무역 대국 일본에서는 환율의 변동이 여러 가지 물건의 가격을 통해 우리들의 주머니 사정에 직접 영향을 미치고 있다.

술을 즐기는 사람에게는 중대한 문제라고 할 수 있는 양주 가격의 변천 등은 환율의 역사를 매우 잘 반영하고 있는 것이다.

10년 전에 1만 엔 이상하던 스카치위스키를 지금은 4000엔만 있으면 살 수 있다는 것은 바로 엔고 효과인 것이다.

또 무엇인가 어떤 원인으로 엔이 낮아지는 것이 가속되면 그 결과는 일본 내에 인플레이션을 초래한다. 또한 경제정책의 변경으로 금리를 상승시키면 예금금리 상승이라는 효과로 좋아하거나, 반대로 내 집 마련의 자금계획에 차질이 생기는 경우에는 원망하기도 한다.

오늘날같이 해외여행이 당연한 일처럼 되어버리면, 환율계산이 싫은 사람도 해외의 상점에서 한 손에 전자계산기를 들고 이것은 '일본에서라면 얼마'라는 식으로 비교하는 일을 한두 번 경험해

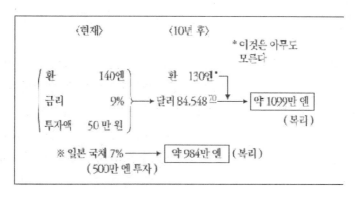

〈그림 1-1〉 달러로 미국 국채에 투자한 예

보았을 것이다.

　자녀가 해외에서 유학하고 있는 사람은 매월 환율변동으로 인해 외화송금액이 달라지므로, 미리 외화예금을 몇 년 치 해 두고 엔이 낮아지는 위험을 회피하는 등의 방책을 쓰고 있을지도 모른다.

　필자 주변에도 10년 후에 아이를 미국에 유학 보내는 것을 전제로 해서 미국 국채(달러 발행)의 기간이 10년짜리인 것을 사놓고 있는 사람이 있다. 이것은 달러 대 엔이라는 환시세와 달러의 채권시세란 2개의 시세에 투기했다고도 할 수 있는데, 이것을 단순히 투기라는 말로 끝내는 것이 옳은 일일까.

　가령 그가 140엔으로 달러를 사고, 이 달러로 장기금리 9%의 미국 국채를 샀다고 하자. 10년 후, 채권의 만기를 맞이했을 때 그 투자가 옳았는지는 그 시점에서의 달러 대 엔의 환율과 10년 간의 일본의 장기금리를 파라미터로 하여 바로 비교 계산해 결론을 내릴 수 있다.

　이 경우, 10년 후에 달러 대 엔의 환율이 가령 90엔이 되어 있다면 약 760만 엔밖에 손에 돌아오지 않게 된다. 그때 그는 투자에 대해 실패했다고 볼 것인가.

생각하는 방법은 여러 가지가 있을 수 있다. 그렇지만 분명히 말할 수 있는 사실은 이 사람이 장래의 환율변동에 대비하여 위험(Risk)의 회피(Hedge)를 위해 연계거래를 했다는 사실이다.

일반적으로 투기적 거래와 연계거래는 구별되지 않는 경우가 많다. 그러므로 시세가 크게 변동할 때는 어떤 특정 시세거래의 참가자가 지명(指名)으로 투기적 거래를 하고 있다고 비난받는 일이 있다. 실태적으로는 위험 회피의 뜻으로 하고 있는 거래가 투기로 간주되는 경우도 존재하는 것이다.

시세거래라는 것이 일상생활에 깊이 관련되어 있는 이상, 그 위험에 대항하기 위해서는 시세거래를 이해하고 때로는 시세를 이용하는 일이 필요하게 되는 셈이다.

하나의 예로 외국환시세를 들어서 설명했으나 주식이나 채권의 시세에 있어서도 같은 것을 생각할 수 있다. 그러나 이 책의 목적은 이러한 시세거래에서 자신에게 닥쳐오는 위험을 어떻게 회피하는가를 설명하는 데 있는 것이 아니다.

매매의 모델에 대해서 설명하기 전에 우선 시세라는 살아 있는 것의 존재에 대해서 좀 더 생각해 보기로 하자.

2. 어떤 힘이 시세를 움직이는가

물건의 가격이 어떻게 정해지는가 하는 문제에 대해서 경제학 교과서는 수요와 공급의 균형으로 해설하고 있다.

시세도 기본적으로는 어떤 물건에 대한 수요와 공급의 관계로 귀착되는 것이며 시세를 해득한다는 작업은 그 수요를 분석한다는 것이다.

예를 들어, 일본의 국채시장에 대해서 생각해 보자. 국채란 의당 일본 정부가 발행하는 것이며 그 금리 수준이란 것은 바로 나라가 국민에게 행하는 부채의 가격이다. 이 국채가 매일 시장에서 매매되는 가격 형성을 통해 일본의 장기금리 수준이 정해진다.

시장 참가자는 은행, 증권회사, 기관투자가라고 불리는 생명보험회사나 사업 법인이 주를 이루지만, 동시에 개인투자가도 중요한 참가자이다. 또한 금융의 국제화라 부르는 시대에는 외국의 투자가, 증권회사도 매우 중요한 역할을 하고 있다.

즉, 국채시세는 내외의 참가자가 나름대로의 위험 판단에 근거하여 이루어지는 매매에 의해 움직이고 있는 것이다.

또한 국채라는 현물의 거래 주변에는 국채선물거래나 선택거래(권리의 매매) 등이 존재하며 이러한 거래가 현물시세에 영향을 미치고 있다.

금리가 어떤 수준에 있어야 할 것인지에 대한 논의는 매크로 경제나 세계 경제 속에서의 경제의 위상이라는 논점에서 유출되지만, 실무적인 입장에서 보면 시장 참가자가 국채의 매매를 통해 금리 수준을 정하고 있다고도 말할 수 있다.

극단적인 예를 들면, 어떤 시세를 몇 사람의 참가자에 의해 독

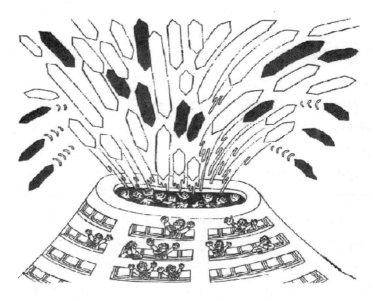

시세는 어째서 움직이나

점하다시피 한 세계에서는 매크로의 분석은 쓸모가 없다.

이야기는 좀 빗나갔지만 저명한 경제학자인 케인즈는 주식시장을 미인투표 같은 것이라 말하고 있다. 이것은 자신이 미인이라고 생각하는 여성에게 투표한다는 뜻이 아니라, 다른 사람이 미인이라고 여기고 있는 여성을 선택하여 투표한다는 것이다. 즉 각자가 어떤 시세에 대해 자기 나름대로의 분석에 근거하여 결론을 내렸다 하더라도 다른 참가자가, 그것도 다수의 사람이 상의한 의견을 갖고 시세거래에 참가한다면 그 사람은 시세라는 승부에서는 패하는 셈이 된다.

국채시장으로 이야기를 돌리자. 이 시장에서는 분명하게 거대한 힘을 갖는 참가자가 존재하지만, 시장 기능의 확대에 의해 착실하게 효과적인 경쟁시장으로 발전해 나가고 있다. 이러한 분위기 속에서 시세거래의 참가자들은 어떻게 시세를 분석하고 있는 것일까.

우선 국채시장을 움직이는 재료를 몇 가지 다루는 작업이 필요하다. 예를 들면, 앞으로의 국채발행계획이 어떻게 되어 있는가, 투자가의 자금운용계획은 어떠한가, 은행의 금융정책은 변경이 없는가, 환시세의 동향은 어떤가, 도표의 방향성은 어떤지 등에 대한 것이다. 이러한 하나하나의 재료에 대해 회답을 준비하고 다른 참가자가 어떻게 대응해 오는지를 유의하면서 자신들의 시나리오를 만들어 시세에 임하게 된다.

다소 지루한 이야기가 되었지만, 실무자의 입장으로는 경제학 등의 학문적인 근거에서 나오는 시세 예측은 실제와 다른 경우가 적지 않다. 환시세 등은 특히 그런 경향이 강하다.

즉 시세를 움직이는 힘은 시세거래의 한복판에 있는 사람들의 에너지 그 자체이다. 장기적으로는 매크로 경제가 제시하는 방향으로 움직이는 일이 많다고 해도 단기적으로는 전혀 반대의 경향성을 띠고 나가는 것이 이상하지도 아무렇지도 않은 것이다.

시세거래의 격언 중의 하나로 "오른 것을 사고 내린 것을 판다"라는 말이 있다. 무슨 엉터리 같은 소리냐고 할 사람도 있을지 모르나 한번 시세거래를 경험한 사람에게 있어서는 극히 당연한 일로 받아들여질 것이다. 이것이 날마다 일어난다면 곤란하고, 좀처럼 학습효과를 발휘하기가 어려운 것으로 알고들 있으나, 무의식중에 저지르고 만다.

다시 말해서, 시세가 계속 오르면 두려운 반면에 아직도 더 오를 것같이 생각되고, 떨어지기 시작하면 이대로 그냥 끝없이 떨어질 것처럼 생각된다. 이 과정에서 돌이켜 보면 '오른 것을 사고 내린 것을 판다'라는 결과가 되고 만다. 시세란 오르면 떨어지는 것이라고 말하면 그만이지만, 이러한 움직임을 점검하는 데 시장 참가자가 어떤 자세를 가져야 하는지를 알아 두는 것도 중요한 일이다.

시장에 자금매매가 두드러지게 나타나면 어떤 동기로 그 담보 거래가 쇄도하여 시세가 급등하는 일이 흔히 있다. 이것에 동요되어 신규로 계속 사면서 밀어붙여 사들이는 일이 끝날 때쯤 되면 시세는 떨어지기 시작한다. 이러한 현상은 어느 시세에서도 자주 일어난다. 시세가 살아 있는 물건이라는 이유가 바로 이런 것을 말한다.

이러한 움직임은 매크로 경제로서는 설명할 수도 없다. 또한 경제 이론은 원래가 단기간의 시세변동을 논하기 위한 것이 아니다. 오직 실무자는 이러한 움직임을 예측하고 또한 그것으로 수익을 올려야 하는 생생한 현실적 요청에 대응할 것을 요구받고 있는 것이다.

3. 거품이 미친 영향

비록 시세거래가 주변사의 존재가 되었다고는 하지만, 이른바 일본의 거품 붕괴, 금융계의 사기 저하, 주식 현황의 혼미 같은 풍조에서 시세거래라는 존재가 앞으로 경제 질서 속에서 어떻게 살아남을 수 있을까 하는 문제의식을 갖고 있다고 생각된다. 혹은 여기까지 읽은 여러분 중 대부분은 시세는 요즈음 유행하고 있는 우주론에서 우주의 말기 증상같이 시세 전체가 축소된 인상을 받

고, 극히 일부의 사람들만이 관여하는 암흑의 세계로 뒷걸음질 치
는 것은 아닐까 하고 생각하는 건 아닐까 싶다.

 일반론으로 말하면 팽창한 다음의 수축은 일반적인 세상사이므
로 시세라고 해서 예외일 수는 없다. 어떻든 이상수정의 프로그램
이 작동하여 이전과는 다소 모양을 변화시키면서도 시세거래의
질서(그 존속을 세계가 요청하는 한)는 가동할 것이다. 추상적인 의
논일지도 모르겠으나 주식을 포함해 금융시장이 필요로 하는 한
이것과 관계되는 시세는 계속 존속해 나갈 것이다.

 그러나 시장 참가자의 수는 감소할 것이고 또한 매매고도 감소
할 가능성이 있다. 그것이 시장 정상화의 과정이라면 차라리 좋게
받아들여야 할 단계라고도 말할 수 있을 것 같다.

 거품 붕괴라는 것은 시각을 달리하면 금융이란 질서에서 급확
대한 참가자, 매매고를 유지할 수 없게 된 자체 붕괴라고도 생각
할 수 있다. 그렇다면 본질적인 문제는 질서 자체에 있는 것이 아
니라 무한정하게 화폐를 그 위에 쌓아 올릴 수 있다고 판단한 정
신이며, 또한 그것을 맹목적으로 믿고 화폐를 투자한 정신이다.
역사적인 고찰로는 이것은 현대의 고유한 현상이 아니라 수 세기
사이에 몇 번이나 되풀이되었던 것이라고 한다.

 일본의 초저금리기, 특히 1986년에 10년 국채가 시장에서
2.5%대의 이자로 거래된 적이 있었다. 당시 10년의 금리가 2.5%
라는 것은 어떤 뜻인가, 매크로 경제는 이것을 어떻게 정당화할
것인가, 시장 참가자는 이율을 어떠한 가격 메커니즘으로 설명할
것인가 하는 의논이 이루어졌다. 그때 이미 거품이라는 말이 설명
을 위해 인용되고 있었다. 그렇게 보기보다는 설명이 되지 않으니
거품이란 구실을 대지 않을 수밖에 없었다고 보는 것이 옳을지도

모른다.

그러나 그 시점에서 오늘의 거품 붕괴까지의 과정은 거의 모든 사람이 감지할 수 없었으며, 감지할 수 있었다 하더라도 기업 내에서는 그것을 시장 조작이란 형태로 구체화한 사람은 아무도 없었던 것이 아니었나 싶다.

개인투자가로서 주식 등에 투자한 사람에게도 1987년의 블랙먼데이 이후의 시세 전개는 한마디로 안절부절이라는 단어로 표현되고도 남으리라 생각된다. "악재료는 소진되었다"라는 편리한 말이 있지만, 그렇다 하더라도 여러 가지 문제점이 노출되고 언제 본격적으로 반발할지도 모르는 주식시세에 어떻게 대응해야 좋을지, 솔직히 말해 망설이며 허둥대는 일이 많지 않았을까.

유감스럽지만 이 책은 이미 말한 것과 같이 이런 유형의 고민에 구체적인 답을 제시하고자 하는 것이 아니다. 그러나 제3장 이후에서 설명하는 모델 구축의 배경이 되는 '사물의 객관화'라는 작업은 의외로 하나의 시사가 될 가능성도 있다. 즉 임장감(臨場感)에 좌우되지 말고, 사상(事象)을 될 수 있는 한 객관적으로 관찰함으로써 나름대로 위기감을 설정하는 것이다.

현실에서 붐이란 시작이 있으면 반드시 끝이 있게 마련이다. 그렇다 하더라도 당사자의 의식이 강하면 강할수록 이것은 잊기 쉽거나 혹은 쉽게 잊으려고 하는 명제이다. 따라서 이러한 때의 객관화라는 것은 현실적인 개념이 아니라고 말하는 소리가 들리는 것 같다.

단지 시세에는 산과 골이 있는 점으로도 상품의 생활사같이 경향성을 객관화함으로써 현재의 처지를 나름대로 판단하는 것은 불가능하지 않다는 것을 알게 된다.

그것은 반드시 수치화해야 할 필요는 없다. 예를 들면, 돈 관련 잡지의 범람, 매스컴에서 다루는 방법의 지나친 열기, 참가자의 이상 확대 등 정성적(定性的)인 판단재료가 적지 않다.

그것이 가령 거품 파열의 1년 전에 시세에서 이탈할 수 있었고, 그 후 1년간의 기대이익상실과 연결되었다고 하더라도 시세 급락 후의 일을 생각하면 옳은 일이었을지도 모른다. 물론 이런 것까지 생각하면 자신이 투자한 자금을 어떤 시기에서 보는가에 따라 결론은 달라진다. 이 시간이라는 문제에 대해서는 2장에서 좀 더 구체적으로 다루어 보기로 하자.

일반적인 묘사로서는 생각할 수 있는 한 가장 싼 가격으로 사서 가장 비싼 가격으로 팔자는 것이 투자가의 이상이다. 특히 개인의 경우는 연율(年率) 등이 관계없고 실액으로 얼마만큼 벌었는가 하는 사실이 보통 초점이 된다(놀랍게도 기업에도 그런 면이 허다하게 있다). 매월의 골프 비용이나 친구와 같이 갈 가라오케 자금 조달에 애쓰는 샐러리맨 등은 당연히 실액 목표이지 연율이나 인덱스는 무관한 것이 아닐까.

이 책의 의도와는 좀 거리가 있는 이야기지만 시세 이야기를 할 때 피할 수 없는 문제인 것도 사실이다.

'사물의 객관화'라고 앞에서 말했지만, 투자에 관한 위험과 수익을 수치화하여 모델을 작성하는 현대투자이론이 그 대표적인 것으로 미국을 중심으로 발전해 온 그 흐름은 최근에 일본에도 꽤 침투되어 있다. 그러나 이 이론이 그대로 개인의 자산운용에 사용될 수 있는가 하면 그렇지 않다. 운용을 언급할 때 기업 기준과 개인 기준은 분야가 전혀 다르다. 또한 기업 기준이라 해도 자금의 성격이 다르면 운용방법도 달라진다.

26

거품 파열에서 몸을 지키자

　거품 시대에 크게 유행한 재정기술은 이러한 구분을 무시한 전원 돌격형의 운용이었던 것으로 여겨진다. 거품과 시세에 관한 분석을 지금 하고자 하는 생각은 추호도 없다. 그러한 시대가 지난 다음의 해설은 누구나가 할 수 있는 것이므로, 요는 어떻게 그 피해자가 되는 것을 면할 것이며 또 어떻게 그 피해를 최소한으로 막을 수 있는지에 대한 것이다. 또한 그렇게 하기 위한 사고의 하나가 사물의 객관화라고 생각하게 된다.

4. 금융기관의 시세와의 관련

은행이라는 이미지와 시세의 장이라는 말을 여러분들은 어떤 연관 속에서 받아들이고 있는지. 같은 금융업계에 있으면서 증권회사와 주식시세의 장에 대한 인상은 꽤 직선적으로 연관되어 있기 때문에 은행과 시세거래의 장은 어쩐지 약간 애매모호한 것같이 여겨질 수도 있을 것이다.

우선 첫째로, 은행은 빌려서 그 돈을 꾸어 주는 것이 장사이므로 그 원가와 회수금의 차, 즉 차액으로 얻는 이익금을 확정해 놓는 것이 수익으로 이어지는 것이다. 은행이 빌리는(예금 등으로) 돈의 기간과 꾸어 주는 돈의 기간은 반드시 일치하는 것은 아니다. 오히려 다른 것이 보통이므로 여기에 금리의 위험이 생기게 되는 것이다.

예를 들면, 어떤 기업이 6개월 정기예금을 4%로 하고 은행은 이자를 다른 기업에 3년간 6%로 대출했다고 하자. 분명히 당초 6개월은 그 퍼센트의 이익금이 확정되나 그 후의 2년 반에 대한 수익은 불확실하다.

정기예금을 반년 더 계속한다 해도 그때 금리가 상승하여 정기예금의 금리가 6%가 되었다면 수익은 고사하고 손실을 보게 되는 셈이 된다.

이러한 위험에 대처하기 위해서 은행은 자금거래라 불리는 금리시장에서 조작을 하게 된다. 요즘 국제화 시대에서 이러한 업무는 일본 엔에 국한된 것이 아니고 미국 달러, 서독 마르크, 스위스 프랑, 영국 파운드, 프랑스 프랑, 호주 달러, 나아가서는 ECU라고 불리는 유럽통화단위 등에까지 해당된다.

다음으로 외국환거래를 들 수 있다. 문자 그대로 24시간 쉴 새 없는 외국환시세의 움직임은 라디오나 신문을 통해 알고 있으리라 여겨지는데 이 시장 형성의 핵을 이루는 존재가 은행이다.

외국환거래는 수출입 같은 무역거래에서 생기는 것과 외국의 증권이나 부동산의 구입매각 등의 자본거래에서 생기는 것이 있다. 규모로 보면 오늘날에는 일본이 자본수출국이라는 지위를 반영하여 후자인 자본거래가 무역거래를 압도하기에 이르렀다.

어느 기관투자가가 1억 달러의 미국 국채를 구입하는 데 있어 엔을 팔고 달러로 구매할 주문을 은행에 예탁했다고 하자. 이때 동시에 어떤 기업이 미국에 보유하고 있는 자산에 대한 배당인 2천만 달러를 받은 후에 그 은행에 달러를 팔고 엔을 사고자 하는 주문을 했다고 하자. 이 경우에 은행은 2천만 달러에 대해서는 쌍방의 거래를 상쇄할 수 있지만, 나머지 8천만 달러의 달러를 사고 엔을 파는 주문을 시장에서 실행하지 않으면 환 위험을 그만큼 지게 되는 것이다.

즉 그 기관투자가와의 거래를 성립시킨 후에 담보를 잡고 있지 않을 때, 시장의 다른 곳에서의 달러 구매 압력이 강하고 달러 대 엔의 환율에서 달러가 높아지면 손해를 보게 된다.

이러한 위험을 피하기 위해 은행은 다수의 환거래 상인을 동원해, 때로는 적극적으로 시세의 앞장을 서는 역할을 담당하면서 항상 환매매 시세를 제시하여 장의 원활한 움직임을 도모하고 있다.

　다음은 국채의 매매업무를 설명하기로 하자. 앞의 항에서 일본의 국채시장에 대해서 약간 설명했다. 은행에서는 현재 불특정 다수의 투자가를 대상으로 하여 일본의 공공채(주로 국채)를 매매하는 것을 적극적으로 수행하고 있다. 은행으로서는 비교적 새로운 업무이지만 일본 증권시장의 발전과 병행하여 증권 업무는 은행 업무로 급속도로 침투하고 있는 것이다.

　예를 들어, 내달에 새로운 국채가 발행된다고 하자. 투자가 동향을 탐색한 결과, 만약 연이율 7%로 200억 엔 정도의 수요가 있다고 해서 200억 엔을 연리 7.01% 정도로 입찰해 보았지만, 다른 참가자가 모두 강세여서 낙찰 평균 이득은 6.97% 정도가 되어 아무것도 낙찰되지 못하는 일이 자주 일어난다.

　새롭게 발행되는 국채뿐만 아니라 이미 발행되어 유통시장에서 활발하게 매매되고 있는 국채에 대해서도 같은 위험이 존재한다는 것은 이해할 수 있을 것이다. 거액의 자금 운용을 하는 투자가의 주문에 응하기 위해 매매자로서의 은행은 채권의 재고를 가질 필요가 있다. 또한 재고 값의 하락을 막기 위해 선물거래에서 회피하는 일도 생각해야 한다.

　또한 은행은 기업이나 개인에 대한 대출 이외의 운용수단으로 채권이나 주식에 투자하는 기관투자가로서의 일면도 갖는다. 앞에서 은행이 공공채의 매매자로서 투자가의 매매 요청에 응하는 기능을 다하고 있다는 것을 설명했다. 바로 그 반대 측의 투자가로서의 업무도 은행의 전통적인 업무의 하나인 것이다.

　앞에서 설명한 자금거래를 할 때처럼 이 유가증권 운용에서도 통화는 여러 방면에 걸쳐 어려운 문제가 많다. 또한 운용형태도 복잡한 계획을 갖는 경우가 많아 꽤 고도의 위험관리가 요구된다.

위험관리란 위험을 피하겠다는 뜻이 아니다. 위험의 소재를 명확하게 하고 허용할 수 없는 위험에 대해서는 회피하고, 받아들일 수 있는 위험에 대해서는 수시로 변동하는 시세의 장내에서 어디까지 자신이 견딜 수 있는지를 파악해 줄 필요가 있다. 바꿔 말하면 시세가 이렇게 움직이면 손익은 이렇게 된다는 위험의 계수화를 해 놓은 다음에 그 위험을 다루어 나가자는 것이다.

채권이나 주식에 투자하는 포트폴리오(Portfolio)에 대해서는 이론적인 접근이 꽤 급속하게 발전했다. 그러나 이것을 이용하는 데 있어서도 시세의 이해 없이는 한계가 있다.

지금까지 은행이 그 전통적인 업무 중에서 어떻게 시세거래와 관련해 왔는지를 대략 설명했다. 금융 세계의 진전속도도 빠르고 다양한 상품이 개발되고 있으므로 새로운 시세와의 접촉방법은 폭이 넓어지게 된다.

지금은 금융의 핵심이라고도 할 수 있는 교환업무, 살 권리나 팔 권리를 자유롭게 매매할 수 있는 임의거래, 나아가서 이러한 것을 동시에 할 수 있는 복합거래 등이 은행에서도 극히 일반적인 업무로 되어가고 있다.

이러한 거래도 결국 따지고 보면 금리나 환 등의 시세 그 자체인 것이다.

교환업무란 채무나 채권의 교환을 하는 것으로 동일 통화 사이에서 금리의 교환만을 하는 금리교환과 이종통화 사이에서 금리를 교환하는 통화교환 등이 있다.

금리교환은 예를 들면 A란 기업이 5년으로 8%라는 차입금을 변동금리 기준으로 바꾸고자 할 때 사용된다. 은행은 반대로 변동금리로의 차입금을 고정금리로 바꾸고자 하는 기업 B를 찾아내면 기업 A와의 교환을 살피면서 기업 B와 교환을 한다.

이러한 금리교환의 필요가 금액과 기간 모두 완전하게 일치하는 일은 오히려 드문 일이다. 은행은 필연적으로 교환의 포지션을 갖게 된다. 즉 금리의 위험에 노출되게 되는 셈이다.

그럼 임의거래는 어떠한가. 국채의 임의거래를 예로 들어 알아보자.

임의권리에는 살 권리와 팔 권리의 2종류가 있으며 각각은 독립적으로 시세를 이룬다. 임의권리를 사는 쪽은 요금을 지불하고, 권리를 보유하고, 파는 쪽은 요금을 받는 대신에 권리가 행사되었을 때 그것에 응해야 하는 의무를 지니게 된다.

그러면 어느 기업이 국채를 사는 임의권리, 즉 국채를 장래에 어느 가격으로 구입할 수 있는 권리를 사고자 한다고 하자. 은행이 정해진 임의권리권의 요금을 수령하고 이 주문에 응했다고 한다.

그 후 국채시세가 하락하여 살 수 있는 권리가 행사되지 않았다면 은행으로서는 권리권의 요금이 고스란히 수익이 된다. 반대로 시세가 상승하여 임의권리를 행사하게 되면 은행은 그 기업에 매각하는 국채의 수당을 시장에서 지불해야 한다. 시기에 따라서는 적절하게 전액을 보상거래하지 못하는 경우도 있다.

임의권리의 매도자가 된다는 것은 이론적으로는 무한대의 손실위험을 안고 있다는 것이므로 무엇인가 회피거래를 생각해 볼 필요가 있다.

신종업무 중에서 교환, 임의거래의 시세변동과의 관계를 극히 간단하게 알아보았다. 이러한 거래는 은행으로서는 반드시 수동적인 거래만은 아니다. 자금거래나 외국환거래도 똑같은 것이지만 시세를 분석하고 시세의 장래를 해독하고 적극적으로 시세에 도

32

전해 나가는 것도 은행 업무의 하나이다.

그러기 위해서는 되풀이되는 이야기지만 어떻게 시세를 파악하는가가 요점이며, 어떠한 접근방법으로 시세를 분석하는가는 끊임없이 논의되어야 한다.

다음 장에서는 실제로 거래실내에서 어떻게 시세에 대한 전략이 작성되는가를 기존의 접근방법을 설명하면서, 새로운 시세변동 분석의 단계로서 산술적 그리고 통계적인 사고를 이용하는 데 대한 의미를 생각해 보기로 하자.

2장
시세는 연구할 수 있는가

1. 어떻게 판단하는가

시세에 대해 일가견이 있는 사람은 적지 않다. 그러한 신념이 없이는 시세와의 오랜 관계는 유지할 수 없었을 것이라고도 볼 수 있다.

재미있는 것은 시세거래에 도사(道士)라고 하는 사람들 간의 신념도 서로 다르다는 것이다. 서로 상반되는 의견의 소유자가 모두 도사이기도 하다. 그렇기 때문에 시세거래란 그런 것이 아니겠는가 하는 공염불 같은 이야기가 화제가 되기도 한다.

한마디로 접근방법을 구분한다면, 기본적이라고 할 경제적 기초조건을 중시하여 시세거래를 생각하는 어느 정도 경제학자적인 입장을 취하는 것과 도표를 중시하고 경제지표 등의 숫자는 일체 마음에 두지 않고 기술적인 분석에 치중한 도표파 또는 기술파라고 불리는 입장을 취하는 것이 있다. 또 국면 국면마다 직감을 중시하고 과거의 경험에 근거한 시세관을 절대시하는 것, 이러한 모든 것에서 교묘하게 부분적으로 취사선택하여 자신의 것으로 만드는 것 등등 천차만별이다.

또한 포트폴리오의 세계에서는 현대투자이론을 이용하여 시세는 패자의 게임, 즉 착오에 의해 득점을 상실하는 게임으로 규정하고 인덱스 운용은 초과할 수 없다는 결론을 낸 사람도 있다. 포트폴리오란 어떤 것인가는 7장의 첫머리에서 설명하기로 하자.

다양한 접근방법이 존재하는 와중에 이러한 방법의 좋고 나쁨을 측정하는 척도는 그 사람 나름대로의 실적밖에 없다. 상식적으로는 이 척도를 이용하여 측정해도 접근방법의 우열은 정해지지 않는다. 그것을 안다면 너도나도 모두가 그 종파로 개종하기 마련

〈그림 2-1〉 달러/엔 스포트율

이기 때문이다.

시계열로 여러 가지 국면을 취해 보면 어느 시기에는 도표가 잘 들어맞고, 기본적 경제기초론은 반대를 나타내지만, 다른 시기에는 도표가 완전히 뒤통수를 치는 일도 자주 보게 된다.

주변에서는 생활 속에 정착된 달러와 엔의 환율에 대해 신문이나 텔레비전 등을 통해 시세예측을 자주 볼 수 있게 되었다. 환상이나 경제통들이 예측할 때, 바로 정반대의 의견이 나오는 일이 있는 것은 잘 아는 바와 같다.

1985년에 플라자 합의가 성립되고 나서 달러는 주요통화에 대해 하락했는데, 엔화에서도 1987년 말과 1988년 말에 120엔 수준으로까지 급락한 것은 기억에도 새롭다. 그 후의 달러·엔 시세

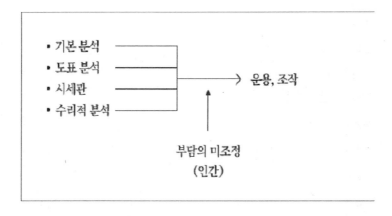

〈그림 2-2〉 다양한 접근의 통합

 의 전망은 미·일 경제환경의 비교 등으로 두말할 것도 없이 엔고
불저를 예측하는 측과 달러 하락이 좀 지나쳤으니 120엔이 당면
상으로는 달러의 바닥시세라고 보는 견해로 갈라졌다. 말하자면
전자의 목소리가 컸지만, 결과적으로는 달러가 오르기 시작하여
1990년 초에는 160엔대까지 엔에 대한 값을 회복했던 것이다.

 이 과정에서도 여러 가지 접근방법에서 논의는 이루어졌을 것
이다. 그러나 순수한 기술파를 제외한다면 경제기초원리를 중시하
여 엔고를 예측한 사람도 이렇게까지 엔이 오르는 것은 약간 이
상하다는 의문이 생겼을 것이다. 또한 역으로 달러의 하락은 너무
나 지나치니 반드시 회복국면이 도래할 것으로 해석한 사람도 수
년 후에는 100엔 정도가 되어도 이상할 것이 없다고 생각했을 때
도 있었을 정도였다.

 공교롭게도 어떤 시세거래에서 하나의 접근방법이 실패했다 하
여 그것이 다른 모든 시세에서도 같다고 생각하는 것은 속단이다.

또한 시대에 따라 접근방법에는 유행이 있다. 앞에서 이야기한 포트폴리오에서의 이론적 접근방법 등은 최근에 가장 보급도가 높은 것으로 보인다. 수리(數理)처리를 즐기는 사람들이 금융 세계로 대거 쏟아져 들어와 젊은 세대의 도움을 받으면서 프로집단과 패권을 다투는 것 같은 양상조차 느끼게 된다.

이러한 흐름 속에서는 시세거래에 대한 사고의 평가를 하는, 다시 말해서 흑백을 뚜렷하게 가린다는 것보다는 나름대로의 장점을 인정하고 그 장점을 살리면서 이용하는 방법이 현실적인 것같이 여겨진다.

거래의 세계에서도 포트폴리오의 세계에서도 시세관이나 매크로 경제, 도표 분석, 수량 분석은 시세거래를 생각하는 경우에 있어 어느 것이나 필요하다. 최종적으로 어떠한 처방을 할 것인가 하는 것이 시세와 관련된 사람들의 역할이 된다.

분명하게 말하지만 시세거래의 세계에는 학습효과가 통하지 않는 데가 있어, 인간의 조작한계라는 주제에서 인공지능을 적용한 체계적인 모델을 작성하려는 움직임도 있다. 이것도 하나의 발상법이기는 하나 시세를 예측하기 위한 도구는 이것뿐이라고는 생각되지 않는다.

결국은 자신이 판단할 때 신뢰할 수 있는 도구를 자신이 납득할 수 있을 정도로 갖추어 놓고 또한 그것들을 사용할 수 있도록 준비해 두는 것이 시세라는 살아 있는 물건을 접할 때의 공격력이며 또한 방어력인 것이 아닐까.

어쨌든 하나의 도구만으로 감당할 수 있는 시대가 아닌 것만은 분명하다. 그러므로 접근방법은 다양해질 수밖에 없는 것이다. 시세의 실무에 관여하는 사람에게 있어 가장 중요한 것은 다양한

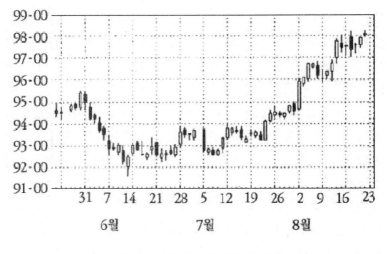

〈그림 2-3〉 미국채 선물 가격

방법으로 자신의 시나리오를 어떻게 짜는가 하는 것이다. 이것이
야말로 가계로는 대치할 수 없는 분야인 것으로 여겨진다.

2. 도표의 이점과 약점

　여기서 도표에 대해 간단히 다루어 보자. 앞에서도 말했듯이 도
표는 시세를 예측할 때 빈번하게 사용되는 것이다.
　시세거래의 세계에 첫발을 내딛는 사람에게 현재의 수준이 높
은지 낮은지 혹은 그 수준이 과거의 어떠한 경위를 거쳐 현재에
이르렀는지에 대한 의문에서 시작한 과거의 데이터와의 접촉은
매우 중요한 문제일 것이다. 숙련된 사람조차 과거를 면밀하게

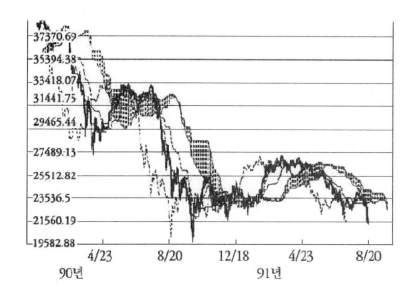

〈그림 2-4〉 닛케이 평균 일목 균형표

더듬을 때는 기억뿐만 아니라 데이터도 활용하게 된다.

물론 과거 데이터의 의의에 대한 인식의 유무가 그 후의 실적에 관련된다고 한정 지을 수 없으나, 심리적으로는 시세변천을 살펴보고 싶은 기분이 자연스럽게 생긴다.

도표는 이러한 요구를 충족시키는 것인 동시에 앞지른 시세거래의 전개에 대해서도 시사하는 바가 있으므로 필연적으로 중요시하게 된다.

일본 고래의 로소쿠 아시는 신문 등에서도 자주 접하게 되므로 알고 있는 사람들도 많으리라 여겨진다. 이것은 사카타 오법(酒田五法)이라 불리는 도표 분석에 자주 쓰임으로써 유명하다. 사카타 오법이란 18세기에 야마가타 현의 사카다의 대지주인 혼마가에 태어난 혼마 무네히사가 도시마의 쌀 거래소에서 쌀을 매매할 때 생각해 낸 전술이다. 그는 이 도표로 거만(巨萬)의 부를 쌓았다고 한다. 오늘날에도 이 접근방법에 대한 팬이 많다.

로소쿠 아시, 포인트와 피규어, 이동평균법, 스토캐스딕스 등 평면도로 나타내는 것부터 RSI나 오실레이터 같이 숫자로 표시하는 것도 있다. 또한 엘리오트 급수를 사용한 분석방법이나 일목균형법이라 불리는 시간의 규칙성을 기본으로 하는 것에 이르기까지 그 유형이나 방법은 참으로 백화요란(百花療亂)이다.

이러한 도표 분석에 흥미를 갖고 있는 분은 도표를 전문으로 해설한 책을 참고하기 바란다. 각각의 도표에는 전문가가 존재하며 그 기술자들의 의견은 어느 시점에서 일치하는 일도 있으나 대립하는 경우도 있다.

도표만으로는 시세를 해독할 수 없다는 현실적인 이유 중 하나는 과거의 패턴만으로 장래를 설명할 수 없다는 좀 철학적인 의논을 좋아하는 경향도 있다. 그러나 그것과는 또 다른 차원에서 도표가 보여 준 과거의 확률적인 유효성이나 그 유효도의 장래성 같은 추측 통계적인 분석이 결여된 도표가 미래에도 동질성을 유지할 수 있는지에 대한 문제를 제기하게 된 하나의 원인이라 생각할 수 있다.

또한 도표에는 범용성의 문제도 있다. 어떤 도표가 환, 특히 달러·엔 환율의 움직임을 잘 설명하고 있다고 해서 이 도표가 원유 시세도 똑같이 설명할 수 있을지 의심스럽다.

모든 시세거래에 같은 논리를 적용하고자 하는 것은 좀 위험하지 않을까 하는 생각이 든다. 도표를 이용하려면 그 도표가 어떠한 시세거래에 적절하게 사용될 수 있는지에 대한 사전검증이 필

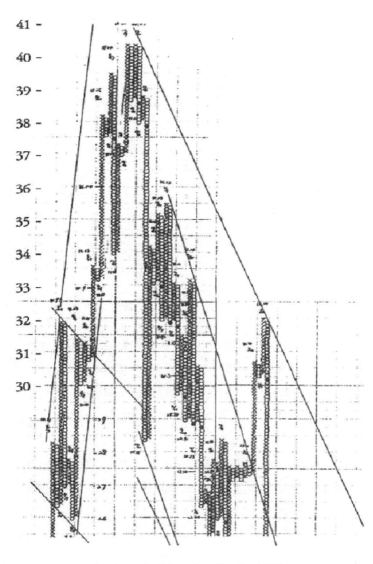

〈그림 2-5〉 원유시세·포인트와 피규어

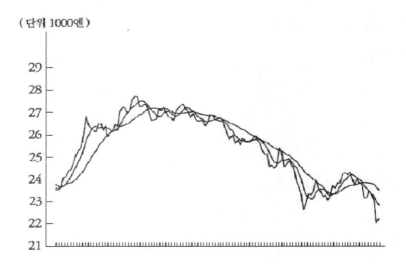

〈그림 2-6〉 닛케이 이동평균

요하다고 본다.

　어쩐지 도표에 대한 나쁜 소리만 열거하게 되었으나 그래도 도표가 중요한 도구의 하나라는 데는 변함이 없다. 즉 도표의 이점과 약점을 정확하게 인식한 다음에 이것을 이용하면 강력한 무기가 될 수 있는 것이므로 괜히 도표로는 장래를 예측할 수 없는 것이라고 기피할 필요는 없다.

　초심자에게서 자주 보는 경우인데, 한 시세의 데이터를 기준으로 몇 종류의 도표를 작성해 놓고, 어떤 것은 올라가는 시세를 나타내고 다른 것은 떨어지는 시세를 나타내고 있는 것을 보고, 결국은 전혀 시세의 행방을 알 수 없었다고 고민하는 경우가 있다.

　도표는 완전하게 다룰 수 있을 때까지는 자신의 도구라고 생각하지 않는 것이 좋다. 그리고 대상으로 하는 시장의 특성을 알고 어떠한 도표가 보다 나은 적중을 나타내는지에 대하여도 추적할 필요가 있다. 이 시점에서의 분석은 나중에 검토해 보기로 하자.

3. 장기적 시야인가 단기매매인가

이미 살펴본 바와 같이 환이나 채권, 주식 나아가서 원유나 금 등의 시장에서는 많은 참가자가 실제로 고객의 주문을 받거나 자신의 시세관을 적용하기도 하면서 매매를 이루고 있다. 포트폴리오라 부르는 장기적 시야에 근거한 매매에서 일각일초를 다투는 거래의 매매까지 그 시간적인 포착방법은 다양하다. 극단적인 예를 들면, 매매자가 조성한 상태가 수분 후 또는 수초 후에 본의 아니게 큰 손실을 면할 수 없게 되었다면 취소하지 않을 수 없다. 그것과는 반대로 포트폴리오에서는 시세 수준이 목표에 도달하면 그때부터 사기 시작하여 다소 시세가 하락해도 물량조정이라는 조작으로 구매량을 줄이는 방법을 흔히 쓰게 된다.

그러나 이것은 포트폴리오 쪽이 쉽다는 것은 아니다. 수익을 생각하는 경우의 시간적 테두리가 다르다는 것이다. 포트폴리오에 대해서는 나중에 상세하게 설명하겠지만, 요지는 매매자든 기관투자가든 같은 시장에서 같은 매매를 하면서도 시간에 관해서는 다른 척도를 사용하고 있다고 말할 수 있다.

외국환시세에서 1달러에 150엔이라는 시세가 있었다고 하자. 매매자는 당장 달러 오름세로 보고 150엔으로 달러를 살지도 모른다. 반면 포트폴리오 담당자는 달러가 분명히 152~153엔까지 상승할지 모르지만 거기서부터 다시 하락할 것이라고 생각한다면,

44

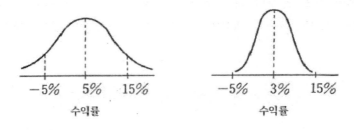

〈그림 2-7〉 1일 수익률과 1개월 수익률의 분포 그래프

우선 150엔으로 달러를 팔기 시작하고, 매매자가 생각한 대로 상승하여 152엔 정도까지 오르면 다시금 달러를 팔게 되는 것이다. 이처럼 시간의 척도 차이는 매매조작을 전혀 상이한 것으로 이루어 놓기도 한다.

또한 시간의 포착방법은 어느 시장이 어느 정도의 수익을 얻을 수 있을까 하는 기대수익률이라고 부르는 수치에도 큰 영향을 미치게 한다. 기대수익률이란 어느 일정 기간에 어떤 매매대상물의 어느 정도의 득실을 발생시키는지에 대한 것으로, 극히 일반적으로는 수익률을 확률변수로 하고 각각 고려될 수 있는 값과 그 확률에서 얻어지는 가중평균치로 표현되는 것이다. 간단히 말하면 글자 그대로 어느 정도 수익률을 기대할 수 있는지에 대한 것이다.

같은 시장에서도 그 기간을 잡는 방법에 따라 기대수익률이 달라질 수 있다는 것을 알아차리는 사람도 있을 것이다. 즉 하루에 달러·엔 시세가 어떻게 움직일지와 3개월 동안에 달러·엔 시세가 어떻게 움직일지의 결론은 전혀 다르다는 이야기이다. 확률변수로서의 수익률이 어떠한 분포를 나타낼 것인가도 그 기간을 잡는 방법에 따라 크게 달라질 것이다. 가령 그 중심치가 같다고 해도 분포의 확산하는 방법이나 최고점을 나타내는 방법은 달라질 것이다.

어느 시장에서 역사적인 데이터를 이용하여 1일의 수익률과 1개월 수익률의 분포를 묘사한 결과, 예를 들어 〈그림 2-7〉과 같은 그래프가 작성되었다고 하자.

중심치로 보는 한 1일 수익률 쪽이 높으나 확산된 것을 보면 1개월 수익률 쪽이 낮다. 이것은 1개월 단위로서의 조작을 생각하는 방법 쪽이 하루의 매매를 생각하는 방법보다는 위험이 적다는 것을 말해 주는 것이다. 즉 하루의 매매로 10%의 수익을 올릴 수도 있으나 마이너스로 떨어지는 경우도 많다는 것이다. 1개월 단위의 매매라면 일확천금의 꿈은 없으나 견실하고 마이너스가 될 가능성이 적다는 결론이 유도된다.

모든 시세에 이러한 특성이 있는지 어떤지는 실증연구를 할 필요가 있다. 특히 주식시세에서는 위에서 말한 것 같은 성격이 현저하게 나타난다. 즉 주식은 단기거래를 하기보다는 중장기 운용에 마음을 쓰는 것이, 수익은 어쨌든 간에 위험이 적다는 것이다. 그러나 단기거래가 나쁘다는 것은 결코 아니다. 단기나 중장기의 선택은 그 자금의 성격과 담당자의 위험 애호도에 의해 결정될 문제이기 때문이다.

가장 주의해야 할 점은 단기거래를 하는 사람이 시세를 생각하는 시간의 테두리를 길게 설정하는 것과 포트폴리오라는 중장기 운용을 하는 사람이 짧은 시간의 척도를 사용하는 것이다. 이러한 것은 냉정할 때는 누구나가 알고 있는 것인데, 때로는 잊기 쉬운 그리고 때로는 의식적으로 잊으려고 하다가 후에 뼈아픈 일을 당하는 귀찮은 마약 같은 것이다.

46

성능이 좋은 예리한 도구로…

4. 과학은 시세의 조미료

지금까지는 실무담당자가 시세 분석 시에 기본적으로 하는 접근방법을 알아보았다. 이러한 것들을 어떻게 자신이 신뢰하는 도구로까지 제고할 수 있는지에 대한 것도 중요하다.

그러나 사람에 따라서는 이것으로 충분하다고 여기지 않는 경우도 있을 것이다. 기초지식, 도표, 시세관, 수량 처리, 어느 것이나 자신에게는 적절하게 갖추어져 있으나 보다 나은 멋진 도구는 없는지에 대해 생각하는 사람도 있을 것이다.

그것은 도표를 한 번 검토하고 자기 자신의 도표를 작성하는 일일 수도 있고, 경제 기초지식의 수량 데이터와 시세를 관련시켜 보는 모델을 작성해 보는 일일 수도 있다. 또는 시세관과 비슷하게 보이는 도표를 찾아내려는 사람도 있을 것이다. 반대로 "내가 믿는 것은 나의 시세관에 있다"라는 식의 다른 분석에는 눈도 돌리지 않고 시세관 외고집으로 살아온 사람도 있을 것이다.

그런데 인간은, 도사급은 그러지 않을지 모르나 시세거래에 있어 꽤 약한 면을 가지고 있다는 것도 사실이다. 연전연승일 때는 별로 반성하는 기미가 없으나, 일단 좌절하기 시작하면 자기 방법에 대한 자신감이 간단히 무너져버리는 경우가 많다.

이쯤 되면 여러 세미나에 참석하여 경제통의 이야기를 듣거나 다른 사람들이 사용하고 있는 도표를 공부하기 시작하는 등, 자기 방법을 재확인하려고 서두르는 일도 있을 것이다.

금융의 프로라고 일컬어지는 사람들, 가령 주식시장 등에 서는 개인투자가의 활약도 두드러지기는 하지만, 그들과는 본질적으로 다른 데가 있으므로 시세의 세계에서는 프로와 아마추어의 구별은 그렇게 분명하다고는 할 수 없을 것 같다.

그럼 여기에서 필자는 프로다운 연유를 발휘하기 위해서 자기 자신의 아이디어로 무엇인가를 만들어내는 것을 생각해 보기로 하겠다. 이 책에서 다루고자 하는 것은 '장난기와 과학'이다. 시세 거래란 것은 목숨을 건 승부라고 여기는 분이나 생활이 관계되는 것처럼 심각하게 여기고 있는 분들이라면 '장난기란 무슨 당치도 않은 소리냐'라고 꾸지람을 듣게 될 것 같다. 또 과학이니 하는 거창한 말을 하면 사방으로부터 '과학으로 시세를 알 리가 없다'

라느니, '시세는 인간이 만들어내는 것이지 과학의 대상이 될 리가 없다'라느니 하는 비난을 받을 것만 같다.

필자는 이러한 의견에 대해 굳이 반론할 생각은 없다. 투기꾼이 암약하는 주식의 개별거래 물건시세 등은 분명하게 말해서 과학과 거리가 멀다. 금리의 움직임만 해도 매크로 경제를 반영하는 인문과학의 범주에 속하는 것이지 자연과학과는 아무런 관계도 없다고 하면 할 말이 없다.

오직 실무에 관여하는 사람으로서 어느 시세는 이러한 경우에 시세의 향방이 이렇게 되기 쉽다 등의 일종의 확실성으로 느낄 때가 많다. 또한 계절적으로 보면 여름휴가로 조용한 시장에서는 제법 시세가 상하로 흔들리는 경우도 많다. 그러나 무엇인지 이상한 규칙성을 감지할 수 있는 때가 있는 것도 사실이다.

이러한 막연한 감각을 수량화라는 수단을 사용해 무엇인가로 구체화할 수 없을까, 하고 생각해 보는 것도 결코 헛된 일은 아닐 것이다.

실제로 이 책에서 설명을 시도하려는 모델은 그러한 문제의식에서 출발하여 이루어진 것이다.

세상에는 벌써 퀀츠라 부르는 수학적 접근을 전문으로 하는 집단이 미국, 유럽 그리고 일본에도 폭넓게 존재한다. 또한 로켓 과학자, 즉 우주에 로켓을 날리는 첨단공학을 배웠거나 실제로 그러한 일에 종사하고 있던 과학자들이 금융의 세계에 뛰어들어 그 수학적 감각을 살리면서 여러 가지 상품 개발에 관여하고 있다.

예를 들어, 임의거래의 가격이 어떻게 계산되는지에 대한 이론의 전개나 포트폴리오는 어떻게 운용할 것인지를 생각하는 현대투자 이론의 발전, 더욱 실무적인 면에서 말한다면 교환거래나 임의거래 등을 조합한 복잡한 기관투자가용의 상품 개발 등, 과학은 이미 금융시장 속에 깊이 관여하고 있는 것이다. 또 이러한 것이 금융업계가 이공계의 인재를 어떻게든지 확보하려고 하는 하나의 배경이 되고 있다.

그런데 여기에서 장난기와 과학이라는 조미료를 시세라는 요리에 첨가해 보려고 생각한 것은 그러한 뜻에서가 아니다. 더욱 단순하게 어떤 시세의 움직임을 설명할 수 있을 만한 모델을 자유로운 발상과 데이터 처리를 통해 만들어 보고 싶다는 것이 배경이다.

데이터 처리라는 문제에 부딪히면 의당 과거의 시세 추이를 기초로 하여 장래를 상상하는 일과 같기 때문에 도표와 다를 바가 없지 않느냐 하는 의문을 갖게 되기 마련이다.

결국 도표와 다른 점은 그 하나가 통계처리 등을 이용함으로써 모델의 범용성을 배제하는 것, 즉 어느 모델이 모든 시세에 적용된다고는 생각하지 않는 것이다.

시뮬레이션이나 추정, 검정 등의 확률적 판단을 통해 과거와 장래의 동질성을 점검하면서 그 모델이 유효한지 어떤지를 검토하는 셈이다. 그런 뜻으로는 도표와 같은 발상을 취하면서도 거기에 과학적인 논리를 구하고자 하는 것이라고도 볼 수 있다.

이때 주의할 점은 과학이라는 말이 갖는 수상한 마력이다. 이것은 흔히 사람들에 대해 생각을 할 여유도 주지 않는 무언의 전제력(專制力)을 갖고 있다. 즉 "과학적 접근방법에 의해 이러한 결론에 도달했다"라는 식으로 말하면, 듣는 쪽은 처음부터 부정하는 경우 이외에는 무저항으로 그 과학적 결론에 어쩐지 승복하고 마는 경우가 많다.

즉 과학의 일부를 이용하여 시세를 분석해 보았다 해도 이것이
100% 완벽하다고 결심해서는 안 되는 것이다. 앞에서도 말했듯
이 어디까지나 하나의 접근방법, 즉 자신의 도구 중 하나로 인식
해 두는 것이 필요한 것이다.

3장
도표는 장래를 말해 주는가

1. 도표의 약점을 보강한다

2장에서는 도표에 대한 그 성격과 이점, 약점에 대해 설명했다. 여기서는 그 약점을 보강하면서 도표를 보다 신뢰할 수 있는 모델로까지 제고할 수 있는지에 대해 생각해 보기로 하자.

도표의 약점이란 앞에서 본 것같이 범용성의 문제, 과거와 장래의 동질성의 가정, 확률적 판단이나 실적에 대한 분석의 결여 같은 것이었다.

이러한 것들을 모두 보강할 수 있는 개량법은 매우 어려우므로 하나의 방법으로서 한 도표를 사용하면서 자동적으로 매매신호를 내는 모델을 작성하고, 적중하지 않은 확률이나 수익성 등을 추적하여 도표의 유효성을 숫자로 바라보면서 실천적으로 이용할 수 있는 체계가 될 수 있을지를 연구해 보기로 하자.

여기에서는 기존의 방법 중에서 일반적으로 잘 알려져 있는 이동평균법이란 도표를 이용하기로 한다. 따로 이 도표에 한정할 필요 없이 흥미를 갖고 있는 분은 여러 가지 도표로 같은 검증을 해 보는 것도 좋을 것이다.

여기서 이동평균법에 대해 설명하기로 하자. 우선 어느 기간의 데이터, 예를 들어 외국환시장인 도쿄에서의 일일인수치를 입수했다고 하자. 그래프용지의 세로축에 환율을, 가로축에는 과거에서 현재까지의 날짜를 잡고 매일의 환율을 나타내는 일일선을 그려 나간다. 이것은 이동평균법에 한정된 것이 아니라 시세의 흐름을 볼 때의 기본도이며 신문 등에서도 자주 볼 수 있다.

다음은 몇 개의 이동평균선을 첨가하여 그려 나가는 것인데 이동평균이란 그날의 데이터를 기준으로 했을 때 그날로부터 과거

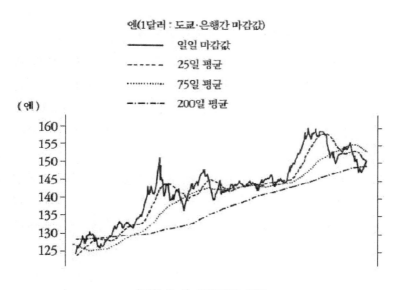

엔(1달러 : 도쿄·은행간 마감값)
———— 일일 마감값
- - - - - 25일 평균
·········· 75일 평균
-·-·-·- 200일 평균

(엔)

〈그림 3-1〉 이동평균 도표

수일간의 데이터를 집계하여 그 평균치를 산출한 것이다.

예를 들어, 30일의 이동평균이라 하면 그날로부터 과거로 소급하여 30개의 데이터를 취한 그 평균치를 말한다.

이동평균은 실무적으로는 일일선에 대해 5일선, 25일선, 75일선, 200일선 같은 것이 채용되는 일이 많다.

그리고 일일선을 그린 그래프상에 이러한 각각의 이동평균 수치를 나타내어 선으로 연결해 나가는 것이다. 원시적으로 손으로 계산하거나 그려 넣기가 귀찮으므로 퍼스널 컴퓨터에 데이터를 입력시켜 그림을 묘사할 수 있도록 해 놓으면 좋다. 간단하게 그릴 수 있는 소프트웨어는 여러 가지가 판매되고 있으며, 퍼스컴 통신을 사용하면 데이터베이스의 회사 등으로부터도 그래프의 상태로 입수할 수 있다.

다음은 이 이동평균을 보는 방법인데 우선 일일선과 25일 이동평균선의 움직임부터 보기로 하자. 이 양자는 서로 교차하면서 비슷한 경향을 나타내고 있다. 한번 훑어보면 일일선이 25일선을 밑에서 위로 넘어서면 시세는 상승 경향이 있는 것처럼 여겨진다. 또한 반대로 일일선이 25일선을 위에서 밑으로 넘어설 때 시세는 하락하는 것처럼 보인다.

보다 뚜렷한 것은 일일선과 75일, 200일 같은 장기의 이동평균과의 대비일 것이다. 일일선과 75일선이나 200일선을 비교하여 전자가 후자를 밑에서 위로 넘어설 때 시세는 강한 상방지향을 나타내는 것처럼 보인다. 이와 반대인 경우도 그렇다.

이러한 상황을 각각 골든크로스, 데드크로스라고 부르기도 한다. 골든크로스란 그 시세로 사고자 하는 것을 나타내고, 데드크로스는 팔겠다는 것을 시사하는 것이다. 또한 장기의 이동평균 사이에서 더 긴 쪽의 선을 다른 한쪽의 선이 밑에서 위로 뚫고 나갈 때를 플라티나크로스라고 하기도 한다.

이동평균법을 읽는 방법은 단적으로 말해서 단기선이 장기선을 밑에서 위로 지나칠 때는 사고, 반대일 때는 판다는 것이다.

그러나 어느 일수의 이동평균이 좋은가, 몇 개의 이동평균을 사용해야 좋은가, 매매의 시기는 어떻게 결정해야 하는가 등의 문제는 여러 가지 시장에서 각각 다를 것이라고 여겨진다.

말하자면 어떤 시세에 대해 여러 가지로 일수를 바꾸어 슈미레이션을 해 보고 확률이나 수익성을 확인하면서 가장 유효하다고 여겨지는 것을 찾아내는 작업이 필요하다고 생각된다. 그러나 여러 번 지적했듯이 여기서는 과거와 장래의 동질성을 전제로 한

골든은 '사기', 데드는 '팔기'

생각은 수정할 수 없으므로 시뮬레이션의 결과와 장래에 관계되는 수익성의 관련에 대해서는 아무것도 말할 수 없다.

즉 시장의 질적 변화, 엔트로피의 증대 등에 의한 시세의 구조전환에 대해서는 무력하며 계통적인 모델은 수시로 사람의 눈으로 재평가해야 할 시기를 점검해야 하는 일이 요구된다는 것을 잊어서는 안 될 것이다.

다음 항에서는 이동평균법을 사용한 자동적 매매 모델을 작동시켜 도표 자체의 유의성을 확인하면서 실천적인 조작으로서의 이용가치를 판단하는 것에 그친다.

56

2. 언제 팔고 언제 살 것인가

바로 이동평균법을 사용한 매매 모델을 검토해 보자. 데이터로는 미국의 채권선물시장의 화제에서 일일선, 10일선, 25일선이란 비교적 짧은 평균 이동에 의한 모델을 작성하는 것으로 하자.

미국 채권선물시장이란 시카고 상품거래소에 상장되어 있는 미국의 장기금리 수준을 상징하는 거대한 금융시장이며, 외국환시장과 더불어 가장 유동성이 활발한 시장으로 알려져 있다.

이미 설명했듯이 단기선이 장기선을 밑에서부터 통과할 때 사고, 반대인 경우에는 판다는 표준을 설정해 나가기는 하지만 실제의 조작에 사용할 때는 상태의 조성시기 외에 그것을 마감하는 시기를 정할 필요가 있다.

우선 일일선과 25일선의 관계에서 상태조성, 즉 신규의 매매를 결정하고 그 마감은 일일선과 10일선의 관계로 결정한다는 모델로 해 보자.

즉 일일선이 25일선을 밑에서 통과했을 때 사고, 그 후 일일선이 10일선을 위에서 밑으로 통과한 시점에서 매각한다. 역으로 일일선이 25일선을 위에서 통과했을 경우에 팔고 그 후에 일일선이 10일선을 역으로 통과했을 때 다시 조작을 자동적으로 작동시키는 것이다.

도표를 사용할 때 자주 쓰는 말에 '다마시'(속이다, 달래다, 라는 뜻의 일본어)라는 것이 있다. 도표상으로는 이렇게 되어야 할 것이 예상외의 방향으로 움직였을 때 자기변호를 위해 '다마시'란 말이 사용되는 것이다.

이동평균법도 예외 없이 이 '다마시'에 봉착하는 일이 많다. 예

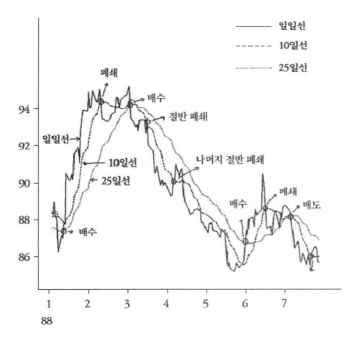

〈그림 3-2〉 미국채(T-BOND) 선물

를 들면, 이 매매 모델에 있어서 일일선이 25일선을 밑에서 통과할 때 사고, 일일선이 10일선의 밑으로 빠져나갈 때 매각했더니 그것은 마침 하루만의 움직임이어서 다음날부터는 다시 시세가 상승하여 일일선은 더욱 위쪽으로 신장했다는 사실이 몇 번인가 관찰되었다. 기대이익의 상실이란 어처구니없는 이야기이다.

  이 '다마시'에 대항하는 조치를 도입하는 방법을 생각해 볼 필요가 있다. 즉 어떤 상태를 마감할 때의 기준에 변경을 가했을 때 '다마시'의 희생물이 되어 후회하는 일을 예방하기 위한 조치를 취해 보자는 것이다.

58

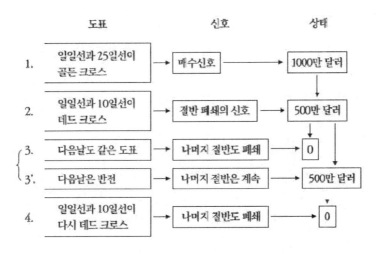

〈그림 3-3〉 이동평균 모델 A

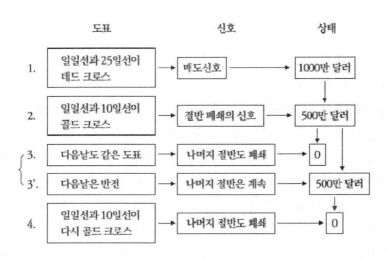

〈그림 3-3〉 이동평균 모델 B

일일선과 10일선의 관계에서 마감 규칙을 설정하는 것은 불변하지만 우선 그 신호가 나타났을 때는 일단 절반만을 마감하고, 다음 날도 그 신호가 계속되고 있다면 나머지 절반도 마감하는 규칙으로 변경한다. 다음 날에 그 신호가 반전했을 경우에는 절반의 상태는 그대로 남겨 두고, 다음에 마감신호가 나왔을 때 남은 부분을 처분한다.

미국 채권선물시장을 예를 들어 설명해 보자. 오늘 일일선과 25일선이 골든크로스가 되어 사라는 신호가 나왔으므로 미국 채권선물을 1000만 달러 샀다고 하자. 3일 후에 일일선이 10일선과 데드크로스했으므로 사두었던 1000만 달러 중 절반인 500만 달러만 매각한다. 다음 날 일일선이 10일선의 밑에 있을 경우는 마감 신호의 계속으로 보고 나머지 500만 달러도 매각해야 하지만, 만일 시세가 반전하여 일일선이 다시 10일선을 뚫고 위로 향했을 때는 갖고 있는 500만 달러는 그대로 놓아둔다. 그리고 다음에 일일선이 10일선을 위에서 밑으로 가로질렀을 때 그 나머지를 마감하면 된다.

알기 쉽게 하기 위해 이 모델의 규칙을 그림으로 나타내기로 하자.

3. 매매실적을 확인한다

전황에서 작성한 이동평균 매매 모델이 어떤 실적을 나타냈는지 알아보자.

실제로 이 모델은 1984년부터 5년간에 걸쳐 수집된 데이터를

<표 3-1> 이동평균 모델의 검증

(평균 3.090625)

기간	매매 횟수	승	승률	자본이익
84.10~85.03	6	3	50.00%	2.53125
85.04~85.09	4	1	25.00%	-4.21875
85.10~86.03	5	4	20.00%	8.78125
86.04~86.09	3	2	66.67%	5.53125
86.10~87.03	6	3	50.00%	-0.65625
87.04~87.09	5	2	40.00%	6.43750
87.10~88.03	5	3	60.00%	4.87500
88.04~88.09	3	3	100.00%	3.03125
88.10~89.03	6	4	66.67%	2.25000
89.04~89.09	7	4	57.14%	2.34375
합계	50	29	58.00%	30.90625

기초로 하여 어떠한 이동평균의 규정 설정이 유효한지 다양한 사례를 검증한 후에 이것이면 실무에 적합하다고 판정한 것이다. 그 결과는 <표 3-1>과 같다.

그리고 이 모델을 실제로 작동시켜 본 결과가 <표 3-2>이다. 즉 과거의 데이터에서 인용한 이동평균 매매 모델이 미지의 장래에 어떠한 결과를 초래했는지를 제시하고 있다고 볼 수 있다.

각각의 표는 각 6개월간의 기간 중 몇 번 매매가 이루어지고 어느 정도의 확률로 수익을 올렸으며 또한 그 수익 혹은 손실은 얼마였는지를 나타내고 있다. '자본이익'이라는 칸은 각각의 수익 범위를 나타내는데, 예를 들어 1988년 10월부터 1989년 3월까지의 사이에서는 2.25포인트, 즉 1000만 달러의 매매에 대해 22만 5000달러의 수익이 있었다는 것을 알면 된다.

이 모델에 있어서 승(勝)의 확률이란 것은 별로 의미가 없다.

〈표 3-2〉이동평균 모델의 실적
1회 1000만 달러 단위로 모델을 작동시킨 결과 수익은 13만 8750달러였다.

기간	매매 횟수	승	승률	자본이익
89.10~90.03	6	4	66.67%	1.38750

통산해서 수익이 어느 정도였는지가 요점인 것이다. 거래의 세계에서 시세거래는 6승 4패면 충분하다고 흔히 말한다. 이러한 말은 손해 처리, 즉 손해를 봤을 때 조속히 자신의 처지를 매듭지을 수 있는 사람들에게 해당하는 말이지 손해를 안은 채 질질 끌려다니는 유형의 사람이나 체계적인 모델에도 적용할 수 있는 말은 아닌 것이다. 모델상으로는 아무리 승률을 높게 보아 7승 3패라고 하더라도 손해의 절대액이 크다면 통상으로는 마이너스를 면할 수 없다.

이러한 위험을 피하기 위해서는 모델의 규칙 중에 다시 손해 처리(Loss Cut)라는 항목을 추가하여 어느 정도까지 평가손이 되면 자동적으로 상태를 폐쇄할 수 있도록 해 놓으면 좋다.

그러나 이동평균 모델에서 손해 처리를 도입한 데 따른 장점은 볼 수 없었다.

또한 전체적인 시뮬레이션 이외에 어떠한 거래환경에 약점이 나타나는지에 대한 조사도 필요하다. 이 모델로 말한다면 이동평균법 그 자체의 결점이기는 하나 혼란스러운 환경에 약하다는 것이 하나의 큰 특징이다. 일일선과 25일선이 교차하여 사라는 신호가 나온 다음 날에 바로 역으로 폐쇄하고 팔라는 신호가 나타나고, 또 다음 날에 사라는 신호가 나타나는 것 같은 심한 조작을 요구하는 상황도 흔하지는 않지만 발생하기도 한다.

일방적인 시세 전개에서는 생각한 대로 강점을 발휘하는 데 반해 심한 상하의 움직임이나 혼란한 시세에는 약하다는 성격이 여실히 나타난다.

이동평균을 사용하는 이상 그 질적인 면에서 생기는, 위에서 말한 것 같은 약점의 해소는 쉬운 일이 아니다. 전혀 다른 접근법으로 되어 있는 모델을 검토하여 병용하든지 시세관에 따라 회피하는 수단도 필요할 것이다.

또한 시세관으로 혼란스러운 시세라고 판단될 경우에는 이 모델의 가동을 저버릴 수도 있는 '영단(英斷)'도 필요하다. 모델에 의한 매매가 그렇게 안전한 것이라고는 볼 수 없는 좋은 예이다.

즉 기계적인 방법으로 시세의 모든 것을 설명하려는 처사는 분명히 무리이며 어느 정도는 어차피 사람이 개입할 필요가 있다고 본다.

그러므로 시세거래에 실제로 관여하고 있는 사람이 장래에도 필요하고, 앞으로 아무리 체계적으로 발전한다고 해도 시세관을 말할 수 있는 사람 없이는 모델의 운영은 성립할 수 없다고 생각한다.

4. 만능의 매매방법은 있는가

지금까지 도표의 약점을 약간 보강하면서 도표가 장래도 예측할 수 있는 모델 작성을 시도해 보았다. 물론 일일선과 10일선, 25일선이란 이동평균 모델이 미국 채권 선물시세에 잘 적용되었다고 해도 이것이 외국환시세나 주식시세 또는 특정 개별 유가증권의 시세에 그대로 적용된다고는 할 수 없다. 하나하나의 시세에 있는 논리가 각각 존재하고 있다고 여겨진다면 이 이동평균 모델도 각각의 시세 데이터를 기준으로 규칙을 전면적으로 변경하지 않을 수 없을 것이다.

그렇지만 모든 시세에 적용할 수 있는 논리성을 갖는 모델도 있을 수는 있다. 요즈음 일본에서도 기관투자가들 사이에서 인기가 높아지고 있는 해외 상품 선물자금이라 부르는 일종의 투자신탁 중에는 어떤 모델이 대상으로 하는 모든 시세에 대해 유효하다고 하여 높은 수익률을 유지하고 있는 것이 있다.

이러한 모델은 통상적으로 기업 비밀이기에 일반에게 공개되지 않지만 한 가지 생각할 수 있는 것은 도표이든 다른 통계적 모델이든 단일한 시스템으로 판단하는 것이 아니라 복수의 모델을 조합한 결과, 그 모든 모델이 사라는 신호를 내든가 혹은 10개의 모델 중 6개 이상이 사라는 신호를 낼 때 비로소 상태조작을 하는 식의 것이다.

이러한 생각은 실무적으로는 자연스러운 발상이다. 예를 들면, 지금 닛케이 평균이 1만 9000원인데, 본인 생각으로는 내일 약간 오를 것 같은 예감을 갖고 있다고 하자. 책상 위에서 여러 가지 도표를 펼쳐 보았지만 대부분이 내릴 것을 암시하고 있다. 과장도 내릴 것이라고 말한다. 친하게 지내는 동업자에게 전화를 하니 이 사람도 내릴 것이라고 한다. 끝내는 자신의 예감에서 손을 뗀다. 결국 자신의 판단재료를 여러 개 갖고 있고 그 재료가 제시하는 대세의 의견에 따른 것인데 이러한 것도 하나의 방법이다.

이 책에서는 언급하지 않지만 이처럼 체계적인 모델을 3~4개 준비해 두고 과반수의 지시에 따르는 모델을 작성하는 일은 시간

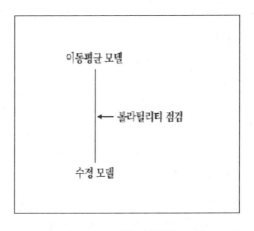

〈그림 3-4〉 수정 이동평균 모델

은 걸리지만 관심을 갖게 한다.

　이동평균법 외에도 모델화할 수 있다고 여겨지는 것으로 시세 변동률이라는 것이 있다. 이것은 보통 볼라틸리티(Volatility: 변덕성)라고 부르는데 어떤 시세의 변동성을 수치화한 것으로 임의의 가격 형성을 분석할 때 매우 중요한 역할을 하는 것이다. 또한 다른 시각에서 시세의 과열도를 측정하는 것으로도 이용할 수 있다.

　그러므로 예를 들어, 이동평균 모델과 볼라틸리티를 조합하여 상태를 폐쇄하는 규칙에 볼라틸리티가 과열감을 나타내고 있을 때는 시세거래에서 물러난다는 등의 추가항목을 도입해 놓으면 또 다른 방법의 매매 모델이 될 수 있다.

　결국은 다수의 시세를 상대로 통일된 모델을 적용할 것을 생각한다면 거를 '체'를 여러 개 준비하여 각 시세가 나타내는 특이한 논리를 조금이라도 배제하는 것이 필요하다. 이러한 것을 생각할 때 도표만이 아니라 볼라틸리티의 보기와 같이 약간 통계적인 사

3장 도표는 장래를 말해 주는가 65

물에 대한 시각을 갖고 있으면 편하다.

도표와 통계학을 조합한다는 것은 좀 기이한 생각이 들지도 모르지만 원래 도표는 시세 속에서 움직이는 숫자를 시각에 어울리는 모양으로 묘사한 것이다. 하나의 데이터 처리방법이라는 것으로도 생각할 수 있다. 여기에 데이터 처리의 학문인 통계학을 합친 것이니 이상할 것도 없을 것이다.

도표와 수학, 통계학과의 만남은 이미 시작했으며 가장 일반적인 것으로는 회귀 분석, 자기상관 분석을 사용한 장래예측 등이 있다. 또한 피보나치수열의 항(3, 5, 8, 13, ……)을 시세의 파동법칙 속에서 찾으려는 엘리오트 파동이란 것도 있다.

앞으로 4장 이후에서 확률, 통계 등의 도구를 이용하면서 시세를 연구해 보기 위해 간단하게 통계의 복습을 해 보기로 하자.

5. 시세를 통계적 시각으로 본다

통계는 한마디로 말하면 정보의 수량 표현이다. 예를 들어 어느 집단의 신장의 평균값, 최댓값, 최솟값, 분산 등은 그 집단의 특성을 기술하는 수단이 된다. 또한 통계학은 불확실한 정보에 의한 의사결정에서 위험을 배제할 것인지에 대한 문제의식에 지혜를 부여하는 것이기도 하다.

어떤 표본에서 기술되는 평균치나 분산 같은 통계량을 기준으로 해서 그 불확실성을 확률이라는 척도로 계측하면서 모집단, 즉 그 표본이 채집된 관찰할 대상의 전집단이라는 분야의 정보를 추측하고 그것에 근거하여 장래의 예측까지 발전시켜 나가는 것이 통계의 임무라고 할 수 있다.

현재 통계학은 다양한 주변 분야와의 관련성이 깊어지고 있다. 계량 경제학이나 품질관리 같은 경제면에서의 관련, 원래의 추측 통계의 출발점이었던 생물학이나 의학, 고고학 등과의 접점, 나아가서 교육이나 스포츠 등에서도 데이터 처리에 통계학이 이용된다.

금융에 관해서는 회귀 분석이 자주 사용되고 있으나 오히려 GNP 예측 등의 이용이 주를 이루며 시세에 대해서는 별로 실무적인 연구가 진전되지 못한 것 같다.

기본 통계량과 상관관계에 대해 다시 한번 생각해 보자.

평균값에는 계산에 의한 평균치인 산술평균값, 가중평균값, 기하평균값, 조화평균값이 있고 도수분포의 위치에 따른 평균치인 메디언(중위수)과 모드(최빈값)가 있다.

또한 이 평균의 주변에는 어느 정도로 데이터가 확실성을 갖고 존재하고 있는지를 측정하는 것이 분산이며 이 정(正)의 평방근을 표준편차라고 한다.

상관계수는 두 개의 변화량 간의 관계도를 나타내는 척도이다. 직선적인 상관관계가 밀접할 때 상관계수는 '1' 혹은 '-1'에 가까워진다. 한편에서는 거의 관련이 없을 때는 0에 가까운 값이 된다.

두 변화량 간의 상관관계는 각각의 변수 표준편차와 두 변화량 간의 공분산과의 관계이며 다음과 같이 기술된다.

$$\rho_{ab} = \sigma_{ab}/(\sigma_a \times \sigma_b)$$

ρ_{ab}: 상관계수

σ_{ab}: 공분산

σ_a, σ_b: 표준편차

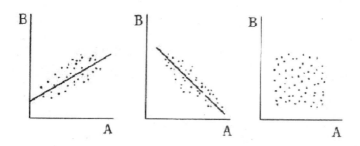

〈그림 3-5〉 상관계수를 생각하는 방법

단 변화량 a, b의 i번째 데이터를 각각 a_i, b_i, 또한 평균값을 $\bar{a}, \bar{b}$로 나타내면,

$$\sigma_{ab} = \frac{1}{n} \sum_{i=1}^{n} (a_i - \bar{a})(b_i - \bar{b})$$

$$\sigma_a = \sqrt{\frac{1}{n} \sum (a_i - \bar{a})^2}$$

$$\sigma_b = \sqrt{\frac{1}{n} \sum (b_i - \bar{b})^2}$$

이다.

이러한 통계학의 기초지식은 현대투자 이론의 학습 등을 위해서도 필요하므로 충분히 이해할 필요가 있다고 본다.

시세를 분석할 때 표준편차가 자주 사용되는 일이 있으므로 이것에 대해서 약간 설명하기로 하자. 좀 전문적인 이야기가 되지만 일본과 미국의 금리 차가 달러·엔의 환율에 어떤 영향을 미칠 것인지에 대한 의논이 있었던 것을 아는 사람도 많을 것이다. 일본이 자본수출국이 되고 미국이 자본수입국이 되는, 즉 채권국과 채무국이란 도식이 성립되어 있는 상황에서는 일본의 자본이 미국

68

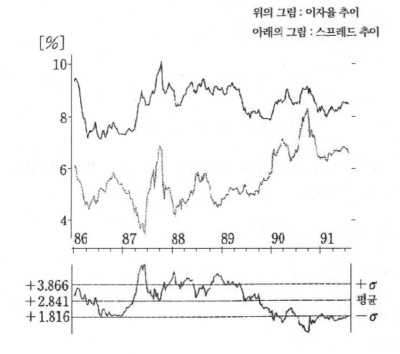

미국 국채 이자율 (10년채)

일본 국채 이자율 (10년채)

위의 그림 : 이자율 추이
아래의 그림 : 스프레드 추이

〈그림 3-6〉 일본/미국 채권 이자율 스프레드

의 적자에 재정적으로 관여하는 셈이 된다. 형식적으로는 일본의 기관투자가가 미국 정부가 발행한 국채를 구입하는 거래를 통해 재정 관여가 이루어진다.

투자가로서 보면 그 운용을 일본의 국채를 사는 경우와 미국의 국채를 달러로 사는, 즉 엔을 팔고 달러를 사는 경우와 어느 쪽이 유리한지를 항상 생각하지 않으면 안 된다. 순경제효과의 측면에

서 말하면 그 판단 재료는 미·일 간의 금리 차와 장래의 환율문
제로 귀착된다.

이것을 시장에서의 현상면으로 보면 미·일 간의 금리 차, 즉 미
국의 금리가 어느 정도 일본의 금리보다 높으면 기관투자가가 환
위험을 무릅쓰고 엔을 팔고 달러를 사서 미국 국채의 구입에 나
설 것인가 하는 문제가 되는 것이다.

그러므로 과거의 미·일 금리 차 데이터를 채집하여 그 변천에
서 어느 정도의 차가 평균인지 또는 그 평균에서 어느 정도가 괴리
되면 금리 차의 수정 동향이 나타나게 되는지의 분석을 할 필요
가 있게 된다.

데이터 기준을 이용하여, 예를 들어 과거 10년간의 미·일 금리
차를 알아내고 그 평균값과 표준편차를 계산하면 회답은 바로 나
온다. 그래프를 작성하면 더욱 알기 쉽다. 즉 평균값에서 표준편
차를 가감한 범위가 미·일 금리 차의 안전지대이며, 이것을 벗어
나면 시장에 어떤 힘이 작용하여 금리 차를 원래의 안전지대로
되돌리려는 움직임이 있는 것으로 생각해도 무방한 것처럼 여겨
진다.

예를 들어, 미·일 금리 차가 5%까지 확대되면 다소의 환 위험
을 무릅쓰고라도 일본 국채보다 미국 국채를 구입하는 쪽이 유리
하다고 보는 투자가의 움직임이 나타나 다시 미·일 금리 차는 축
소되지 않을까 하는 생각이다. 투자가는 리스크(위험)와 리턴(이율)
으로 투자를 결정하게 되므로 일본 국채의 이율보다 5%나 높은
미국 국채의 이율, 즉 리턴은 환 위험을 갖고도 남는다고 보고 미
국 국채를 구입하게 된다고 본다. 반대의 경우도 역시 같은 방법
으로 분석하면 된다.

　이러한 평균치와 표준편차를 사용한 분석방법은 재정거래에 잘 사용된다. 즉 위에서 든 미·일 금리 차의 예로 말하면 미국의 금리가 일본의 금리를 4% 상회하는 기세가 보일 때, 즉 가격으로 말하면 미국 국채가 일본 국채보다 가격이 싸다고 여겨질 때는 미국 국채를 구매하고 일본 국채를 매각하여 미·일 금리 차의 수정을 시작해 미국 금리와 일본 금리의 차가 축소한 시점에서 미국 국채를 매각하고 일본 국채를 다시 사는 것이다.

　재정거래는 다양한 시장에서 폭넓고 활발하게 이루어지고 있다.

　순수하게 이론값에서 벗어난 시장의 왜곡을 이용하는 것이 본 뜻의 재정거래이지만 지금은 두 시장의 움직임을 과거로부터 추적하여 평균값, 표준편차를 이용한 재정거래도 활발하게 이루어지고 있다.

4장
확률로 시세를 생각한다

1. 확률적 발상법

일기예보 중에서 '비가 오는 확률'이 등장한지도 꽤 오래되었다. 이 숫자에 대해 어떻게 받아들이는가는 개인차가 있겠지만 적어도 아침 출근 시에 마음이 쓰이는 숫자인 것만은 분명하다.

맞는다 안 맞는다 하여 비판이 많은 일기예보지만 시세 예측에서도 그 문제는 항상 따라다닌다. 그러나 금융시장에서는 확률이라는 생각이 의외로 이용되고 있지 않다. 어떤 예측방법에 대해 과거의 경험으로 어느 정도 맞았다는 식의 역사적인 검증작업은 거의 이루어지지 않는다. 그러면서 한편으로는 임의의 가격 모델 속에 엄밀한 확률론이 돌연히 출현하므로 허둥대기도 한다.

확률이라면 주사위라든가 백색공이니 적색공이니 하는 통계학 교과서에서 나오는 무미건조한 연습문제 같은 이미지가 강하고, 현실의 일상문제 해결과는 약간 거리가 있는 개념처럼 생각하기 쉽다. 그러나 사실은 무의식중에 확률적 발상을 적용하고 있는 것이 많다.

몇 퍼센트의 확률이니 하는 의논이 아니라 이렇게 될 것이다 혹은 이 가능성도 저버릴 수 없다 등의 생각이 바로 확률적 발상이다. 시세의 세계에서도 '내일은 오를 것 같다'든지 '이 도표는 잘 맞는다'와 같은 회화는 일상다반사이다. 그런데도 불구하고 이러한 화제를 정량적으로 대체하는 일은 거의 없다.

이러한 확률의 개념을 어떻게든 시세를 분석할 때 이용할 수 없을지 생각해 보는 것도 하나의 방편이다.

그런데 확률론의 교과서는 읽는 데 꽤 힘이 드는 물건이다. 예를 들면 집합의 이야기로 시작하여 순열조합이니 하는 이해하기

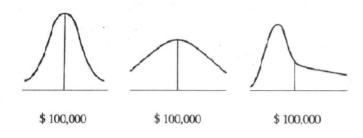

$ 100,000 $ 100,000 $ 100,000

〈그림 4-1〉 거래자 월간 수익의 확률분포 예

어려운 절차를 거쳐 확률과정으로 진행한다. 어느 수준까지 이해
하고 있으면 좋을지 중간에서 자신감을 잃게 되는 경우도 있을
것이다.

오직 임의의 가격 모델 등을 완벽하게 이해하려고 한다면 이야
기는 다르지만, 그렇지 않고 확률이란 시각으로 시세를 바라보고
자 하는 느긋한 입장이라면 확률변수, 기댓값, 확률분포 등의 기
초지식과 그것을 어떻게 시세 분석에 이용할 것인가 하는 자유로
운 발상이 있으면 충분하리라 본다.

간단한 예로서 자신의 흥미 있는 도표, 즉 그것이 이동평균이든
지 포인트와 피규어든지 간에 그 과거를 추적해보면 어떨까. 그간
1년 동안 또는 5년간에 어느 정도의 확률로 신호가 맞았는지 어
떤지를 단순하게 조사해 보면 된다. 자신의 직관대로 확률이 산출
될 수도 있고 그렇지 않을 수도 있다. 또한 확률적으로는 맞히는
경우가 많으나 일반적으로 수입은 마이너스가 되는 일도 있을 수
있다. 단순히 과거의 데이터 확률을 조사하는 것만으로도 지금까
지 보이지 않았던 막연함이 일거에 해결되는 경우도 있다.

확률이라는 양적 표현은 시세거래 특유의 애매한 의논에서 때

74

로는 단정적이기는 하나 귀중한 의견을 제기한다는 것은 부정할
수 없다. 판단재료로서도 비교적 이용하기 쉬운 것이다.

확률 그 자체는 모델을 구축하는 직접적인 도구가 되기 어려우
므로 상세한 설명을 피하지만 통계나 현대의 포트폴리오 이론 등
을 어느 정도 사용하려면 필요불가결한 개념이다.

자신의 시세에서의 월간수입률을 확률분포의 그림으로 나타내
차분히 바라보면 그 생산성이 확률이란 필터를 통해 보인다. 그리
고 그 이동폭이 격심한 것에 대하여 놀라는 경우가 있을지도 모
른다.

2. 단위 기간의 수익으로 생각한다

시세거래란 싸게 사서 비싸게 파는 것이 철칙이다. 그런데 '그
반대는 좋기는 하지만' 하는 사람도 있을지 모른다. 접근방법은
어떻든 간에 어디에서 사고 어디에서 파는지가 최대의 문제인데
약간 시각을 달리하면 또 다른 시세거래로의 접합방법이 생기는
경우도 있다.

운용 등의 세계에는 수익률이라는 개념이 있다. 이것은 예를 들
어 어떤 사람의 자산 시가총액이 1월 말에 300만 엔인데 다음
달 말에 320만 엔으로 증가했다면 그 사람의 운용수익률은 연율
8%인 것 같은 것이다. 어떤 주식 종목의 월간 수익률인 경우는
전월 말과 당월 말의 가격 차를 전월 말 가격과의 비율로써 계산
하면 된다.

이러한 수익률의 개념을 적용하여 시세를 단순한 상하변동으로

① 원금 A
② 기간 t일   의 경우 수익률 =
③ 기말 자산가치 B

(연율) $\dfrac{B-A}{A} \cdot \dfrac{365}{t}$

(월률) $\dfrac{B-A}{A} \cdot \dfrac{30}{t}$

(주율) $\dfrac{B-A}{A} \cdot \dfrac{7}{t}$

〈그림 4-2〉 수익률의 개념

	수익률 플러스	수익률 마이너스	합계
샘플 수	145	117	2.62
출현확률	55.34%	44.64%	100.00%
평균값	1.1344	-1.1250	0.1299
표준편차	1.0336	0.9636	1.5085
손익합계	165.65	-131.62	34.03

*평균값, 평균편차의 단위는 공히 POINT 표시, 손익합계는 각 그룹의 주간 수익률을 단순히 합한 것

〈표 4-1〉 주간 수익률 데이터

보지 말고 어느 단위 기간 수익률의 가감으로 보도록 하자.

즉 그 수익률의 가감이 출현하는 방식에는 무엇인가 법칙성과 유사한 것이 없는지 혹은 그 수익률의 절댓값이 출현하는 데는 무엇인가 재미있는 절차가 없는지 관찰해 보자는 것이다.

데이터로써 앞 장에서 사용한 것과 같은 미국의 채권선물시장의 종가를 다루어 보자.

이 시장의 1984년부터 1989년까지 5년간의 주간 수익률의 데이터에서 이득을 보거나 손해를 본 횟수나 확률 나아가서 각각의

---

① 주초의 마감값(P_1)으로 A 단위 구입
② 주말의 마감값(P_2)으로 A 단위 매각(폐쇄)
손익: $A \cdot (P_2 - P_1)$

〈그림 4-3〉 주간 수익률 단순 모델

평균치나 표준편차도 알아보도록 하자.

이 표에서 바로 알 수 있는 것은 미국 채권선물시장에서는 과거 5년간 주간 수익률에 플러스의 확률이 높다는 것이다. 말하자면 주초에 사서 주말에 파는 것 같은 단순 작업에 의해 수익을 올리는 기회가 그 역인 경우보다 많다는 출현확률의 차이에서 오는 현상이다.

그리고 더욱이 수익률 자체의 평균값과 표준편차가 득실 각각의 경우 거의 같다는 것은 출현확률의 높은 조작, 즉 주초에 사서 주말에 파는 것을 단순히 반복함으로써 종합적으로 수익도 플러스가 될 것이라는 기대를 갖게 한다.

매우 단순한 기계적 조작이지만 사실상 그렇게 되는 건지 시산하여 보자.

〈표 4-2〉와 같이 어느 6개월간의 기간을 제외하면 모두가 플러스로 되어 있다. 자본이익이라는 칸은 그 기간에 통산으로 어느 정도의 수익이 매매에 의해 생겼는지를 나타내며, 가령 1989년 4월~9월의 예에서 보면 「8.78125」, 즉 매매단위를 1000만 달러로 볼 때 878,125.00달러의 수익으로 해득하면 된다.

이 단순 모델에서는 아무리 시세가 내릴 것이라고 생각해도 주초에 반드시 사야 하는 어려움도 자주 맛보게 된다. 그러나 이것을 피할 까닭은 없다. 순수하게 출현확률이 높은 쪽에 기대하고

기간	매매 횟수	승	승률	자본이익
84.10~85.03	27	11	40.74%	8.18750
85.04~85.09	26	17	65.38%	3.62500
85.10~86.03	26	16	61.54%	5.84375
86.04~86.09	26	12	46.15%	2.25000
86.10~87.03	26	17	65.38%	1.46875
87.04~87.09	26	11	42.31%	-3.03125
87.10~88.03	26	15	57.69%	2.93750
88.04~88.09	26	16	61.54%	1.25000
88.10~89.03	27	13	48.15%	2.71875
89.04~89.09	26	17	65.38%	8.78125
합계	262	145	55.34%	34.03125

(평균 3.403125)

〈표 4-2〉 주간 수익 모델의 실적

있으므로 예외를 만들어 낼 수는 없는 것이다.

이것은 룰렛(Roulette)의 적색과 흑색에 거는 이미지를 갖고만 있으면 된다. 예를 들어 흑이 나오기 쉽게 고안되었다고 하자. 그럴 경우에는 어쨌든 흑색에 계속 거는 것이 최선이다. 걸지 않거나 때로는 적색 같은 데에 거는 것을 생각하면 바로 기대이익의 상실에 연결되고 마는 것이다.

물론 이런 조작은 주초, 주말 같은 한정적인 시점에서만 할 수 없으므로 '가장 싼 값으로 사고 싶다', '가장 비싼 값으로 팔고 싶다' 등의 욕망은 절대로 채워질 수 없다. 앞에서도 말했듯이 이 출현확률과 수익률을 적용하는 접근은 그러한 발상과는 다른 차원에서 출발한 것이기 때문이다.

이때 주초에 사고 주말에 파는 작전과 주말에 팔고 주초에 사

78

주(株)와 룰렛은 비슷한가

는 조작의 조합이 유효한지 어떤지도 검토하면 출현확률과 수익률을 이용한 모델의 재미도 알 수 있으리라 여겨진다.
주간 수익률로 보면 확률적으로 주초에 사고 주말에 파는 방법

4장 확률로 시세를 생각한다   79

	수익률 플러스	수익률 마이너스	합계
샘플수	37	23	60
출현확률	61.67%	38.33%	100.00%
평균값	2.6758	-2.4388	0.7252
표준편차	2.2585	1.5850	3.2081
손익합계	99.01	-56.07	42.94

* 평균값, 평균편차의 단위는 공히 POINT 표시, 손익합계는 각 그룹의 월
간수익률을 단순히 합한 것.

〈표 4-3〉 월간 수익률 데이터

에 의한 시세의 조작이 어쩐지 해볼 만하다고 여겨졌으나, 이번에
는 좀 더 긴 단위로 월간 수익률을 보면 어떻게 되는지를 검토해
보자.

  주간 수익률의 경우에 비해 월간 수익률에서 본 사례도 주간의
경우와 같이 득실의 출현확률은 득의 방향으로 기울어져 있으나
수익률 그 자체의 평균값과 표준편차는 약간 다르다는 것을 알
수 있다.

  구체적으로는 평균값, 평균편차가 모두 수익률 플러스 쪽이 크
다. 각 기간의 숫자를 추적해 보기로 하자. 〈표 4-4〉를 보면 기
간에 따른 변동이 왜 큰지, 또 통산수익으로는 주간 수익률 모델
을 웃돌지만 수익의 안정성에 관하여 약간 뒤떨어진다는 것을 알
게 될 것이다.

  수익률의 절댓값은 크지만 표준편차가 크게 다르다는 점에서
안전성이 결여된 것으로 판단된다. 여기서 통계적인 생각, 평균치
와 표준편차가 갖는 뜻이 실무에 필요하다.

80

기간	매매 횟수	승	승률	자본이익
84.10~85.03	6	6	100.00%	10.25000
85.04~85.09	6	3	50.00%	-0.28125
85.10~86.03	6	5	83.33%	10.68750
86.04~86.09	6	3	50.00%	14.34375
86.10~87.03	6	3	50.00%	2.31250
87.04~87.09	6	2	33.33%	-8.03125
87.10~88.03	6	4	66.67%	6.53125
88.04~88.09	6	2	33.33%	-7.18750
88.10~89.03	6	4	66.67%	4.40625
89.04~89.09	6	5	83.33%	9.90625
합계	60	37	61.67%	42.9375

(평균 4.29375)

〈표 4-4〉 월간 수익률 모델의 실적

지금 설명한 것처럼 같은 수익률의 개념을 적용한 모델이라 할지라도 그 수익률을 측정하는 수준을 여러 가지로 바꾸어 봄으로써 결과는 크게 달라질 수도 있다.

더욱이 거래자의 입장에서 시세를 본다면 일중 수익률, 시간 단위의 수익률 등으로 생각할 수도 있으나, 실제로 이러한 모델을 운용하는 데 있어서는 이미 보아온 출현확률, 평균값, 표준편차 등에 더해 검증해야 할 데이터 수 등도 충분히 고려해 모델의 유효성을 판단할 필요가 있을 것이다.

또한 수익률 접근방법을 상이한 시각에서 보는 데 따라 더욱 기술적인 분야로 응용하는 것도 가능하다.

예를 들면, 월간 수익률을 보는 경우 1월의 월간 수익률은 확률적으로 높은 것 같다느니 8월의 수익률은 꽤 나쁜 것이 아닌가

	합계	평균	표준편차	플러스 확률
1월	4.8125	0.5347	2.7733	63%
2월	7.6568	0.8508	3.7814	63%
3월	-2.5932	-0.2881	3.0390	38%
4월	-7.1250	-0.7917	2.5819	38%
5월	-3.5938	-0.9141	3.7768	63%
6월	8.2875	0.4109	2.9927	38%
7월	-8.9675	-1.1209	2.8352	25%
8월	7.4063	0.9258	2.1991	50%
9월	-2.6250	-0.3281	3.2601	50%
10월	21.5375	2.6922	2.1533	88%
11월	7.3750	0.9219	2.8363	75%
12월	1.9988	0.2498	2.3539	50%

〈표 4-5〉 월간 수익률의 월별 데이터

하는 판단도 생겨날 수 있다. 즉 월별 요인 분석이다.

참고로 1981년부터의 데이터로 본 월간 수익률의 확률이나 수익성을 매월의 동향으로 분류한 것이 〈표 4-5〉이다. 10월은 사는 것부터 시작하고 7월은 파는 것으로 시작한다는 조작이 금년에는 유효할지 어떨지는 기대해볼 만한 즐거움이기도 하다.

3. 유리하나 두려운 마틴겔

전황에서 주간 수익률이나 월간 수익률 같은 생각에 기초하여 주초나 월초에 사고, 주말이나 월말에 파는 조작을 단순히 되풀이하는 것만으로 결코 크지는 않으나 통산으로 보면 어느 정도 일정한 수익을 기대할 수 있다는 것을 검증했다.

그렇지만 이것만으로는 너무나 평범하다. 좀 더 나은 방법은 없을지 생각해 보기로 하자.

확률이라는 학문은 원래 노름에서 생겨났다고 한다. 틀림없이 룰렛은 확률연산에서 노름판 주인이 수익을 올릴 수 있도록 룰(Rule)을 설정해 놓고 있으며, 복권 등도 배후에는 확률적 기대치의 문제가 존재한다는 것은 분명하다.

그런데 이러한 놀이에 대한 기대치를 계산하면서 하는 사람은 없다. 확률적 발상을 적용하는 한 자신은 이길 수 없다. 혹은 질 가능성이 매우 높다는 것이 사전에 판명되기 때문이다. 룰이 확립된 놀이에서 확률론의 의의는 노름판 주인에게만 있다고 보아야 할 것이다. 참가하는 것은 꿈을 사려는 사람들이라고 보아야 할 것이다.

그러나 시세거래라는 혼돈한 세계에서는 확률적 기대치에서 매우 유리한 조작방법을 찾아낼 수도 있을지 모른다.

마틴겔(Martingale)이란 말을 알고 있는 사람도 많을 것이다. 이 말은 예를 들어 동전의 앞뒤에 내기를 걸 때 항상 앞이나 뒤에만 거는 방법이다. 앞이면 앞에 일정한 금액을 걸고 앞이 나오면 다음에도 같은 금액을 걸고 만일 뒤가 나오면 다음은 2배의 금액을 건다. 또한 뒤가 나와 졌을 경우에는 다음에는 4배, 그다음에는 8배, 16배, … 식으로 거는 금액을 2^n배로 증가해 가고, 앞이 나와 이겼을 때 원래의 금액으로 돌려 다시 앞에 거는 것이다. 가령 당초 1000엔을 걸었는데 7회 계속 진다면 다음에 거는 금액은 12만 5000엔이 된다.

동전의 앞·뒤 같이 그 출현확률은 2분의 1이라 생각되며 또 그

〈표 4-6〉 동전의 앞뒤에 의한 마틴겔

동전	건 돈(엔)	소득(엔)	통산(엔)
앞	1,000	+1,000	+1,000
앞	1,000	+1,000	+2,000
뒤	1,000	▲1,000	+1,000
앞	2,000	+2,000	+3,000
뒤	1,000	▲1,000	+2,000
뒤	2,000	▲2,000	0
뒤	4,000	▲4,000	▲4,000
뒤	8,000	▲8,000	▲12,000

때의 손실, 보수도 같은(1000엔 건 데 대해 손실은 건 금액의 몰수, 보수도 1배인 1000엔인 경우) 경우는 장기간 시행하고 있는 동안에 대승하는 일도 있을지 모르나 대패하여 원금도 날려버리는 일도 있을 것이다. 확률적으로 생각하면 이 사례의 기댓값은 0이 된다.

마틴겔을 일반적으로 기술해 보기로 하자.

어떤 게임에 있어 건 데 대한 승리대상이 되는 사상(事象)이 생기는 확률을 P라 하면 n회 계속 패하는 확률은 $(1-P)^n$이며 n회 계속 패하여 원금이 0이 되는 경우 원금은 2^n-1로 표현할 수 있으므로 손실 기댓값은

$(1-P)^n \cdot (2^n-1)$

로 나타낼 수 있다.

보수의 기댓값은 원금이 0이 될 때까지 이기는 확률, 즉 $1-(1-P)^n$로 보면 된다.

n=3
P=0.4 } 의 마틴겔

갖고 있는 원금: $2^n-1=7$(3회 계속 지면 원금은 0이며 파산)

3회 계속 지는 확률: $(1-P)^n=0.6^3=0.216$

손실의 기댓값: $0.216 \times 7=1.512$

보수의 기댓값: $1-0.216=0.784$

종합적 기댓값: $0.784-1.512=\blacktriangle 0.728$

따라서 종합적인 확률적 기댓값은 양자의 차인

$1-(1-P)^n-(1-P)^n \cdot (2^n-1)$

$=1-2^n(1-P)^n$

으로 나타낼 수 있다.

동전의 앞뒤인 경우, $P=1/2$를 대입하면 기댓값은 0이 된다는 것을 쉽게 알 수 있다.

주간 수익률의 사례를 상기하면 과거의 데이터에서 동전의 앞뒤와 비교해 보면 앞이 나오는 확률이 55%로 약간 높았다. 보수도 손실도 평균값, 표준편차 모두 같은 정도였으므로 이것은 앞이 나오는 확률이 높은 해볼 만한 게임이라고 생각해도 무방할 것 같다.

즉 단순히 주간 수익률 모델같이 매번 같은 금액으로 계속 거

〈표 4-7〉 마틴겔 주간 수익률 데이터

	수익률 플러스	수익률 마이너스	합계
샘플수	145	117	262
출현확률	55.34%	44.64%	100.00%
평균치	3.2612	-2.0986	0.8677
표준편차	6.7493	2.8556	5.9960
손익합계	472.88	-245.54	227.34

기간	자본이익
84.10~85.03	21.9375
85.04~85.09	33.3125
85.10~86.03	15.7813
86.04~86.09	21.3438
86.10~87.03	24.5938
87.04~87.09	-2.4688
87.10~88.03	46.7188
88.04~88.09	0.2813
88.10~89.03	49.8125
89.04~89.09	16.0313
합계	227.3440

는 것보다 마틴겔을 적용하는 것이 꽤 유리한 결과를 얻게 되지 않을까.

기대에 부풀어 있는 상태에서 실제로 데이터를 사용하여 검증해 보자.

이 검증에 의해 주간 수익률의 데이터에 근거한 모델에서는 단순히 같은 금액으로 주초에 사고 주말에 파는 조작을 되풀이하는 것보다 마틴겔을 적용하여 금액을 변화시키는 쪽이 표준편차에서 보는 위험보다 크지만, 이율도 꽤 높다는 것을 알 수 있다. 기간별의 수익도 거의 플러스로 되어 있다(표 4-7).

그러나 마틴겔의 실무상의 결점은 계속 지면 무한대로 상태를 크게 늘리지 않을 수 없다는 점이다. 미국채선물의 데이터로는 과거 5년간에 16배의 상태가 2회, 32배의 상태가 2회 발생하고 있다. 장래에 64배, 128배라는 상태가 발생하지 않는다는 보장은 없다. 과거의 예에서도 당초 투자를 1000만 달러로 해도 32배로

〈표 4-8〉 수정 마틴겔의 실적

샘플 수 262(1984.10~1989.9)

	오리지널	사례 (A)	사례 (B)
평균값	0.8677	0.5499	0.3982
표준편차	5.9960	4.3271	4.0857
손익합계	227.34	144.09	104.34

기간	오리지널	사례 (A)	사례 (B)
84.10~85.03	21.9375	21.9375	21.9375
85.04~85.09	33.3125	3.0625	-9.1875
85.10~86.03	15.7813	15.7813	15.7813
86.04~86.09	21.3438	5.3438	-10.6563
86.10~87.03	24.5938	24.5938	24.5938
87.04~87.09	-2.4688	-2.4688	-2.4688
87.10~88.03	46.7188	46.7188	46.7188
88.04~88.09	0.2813	0.2813	0.2813
88.10~89.03	49.8125	12.8125	1.3125
89.04~89.09	16.0313	16.0313	16.0313
합계	227.3440	144.0940	104.3439

3억 2000만 달러가 되고 이것을 계통적인 운용의 상태로서 현실적으로 적용하는 것이 적절할 것인가 하면 어쩐지 주저하지 않을 수밖에 없다.

그러므로 마틴겔을 실무적으로 수정하여 8배보다 큰 상태는 취하지 않는, 즉 상한을 8배까지로 하는 사례 (A), 그리고 8배를 초과하는 상태가 되었을 때는 조작을 중지하는 사례 (B)를 고려하여 원래의 마틴겔하고 비교해 보자.

물론 이러한 수정을 적용하면 마틴겔 자체의 논리적인 확률적 기댓값의 배경은 일시에 상실된다. 현실론으로 생각할 때의 대상으로는 지나치게 클지 모르나 그런대로 묵인하기로 하자.

사례 (A), (B)는 모두 수익상으로는 원래의 경우보다 꽤 나쁘게 되지만 16배, 32배라는 어쩐지 공포감을 느끼는 상태를 계속 보유하는 정신적 고통에서 해방된다는 것을 생각하면 부득이한 처사라고 체념할 수도 있다.

위의 숫자에서 보는 한 사례 (A)의 8배를 웃도는 변칙 마틴겔도 충분히 이용할 수 있을 것으로 생각된다. 1회당 1000만 달러, 최대 위치 8000만 달러라는 설정의 모델에서 이 변칙 마틴겔[사례 (A)]을 가동하면 주 평균으로 5만 5000달러의 수익을 잠자는 사이에 기대할 수 있는 셈이다(〈표 4-8〉 참조).

앞에서 설명한 대로 확률적 기댓값이 0 혹은 마이너스가 될 수 있는 게임에 마틴겔을 적용하는 것은 매우 위험하다. 일시적으로 굉장한 꿈을 꿀 수 있어도 시간이 경과하는 데 따라 수익의 축적이 일순간에 무너져버리는 위험성이 점점 높아진다고 할 수 있다. 어느 유명한 작가의 작품에 "너희들은 노름 같은 것은 안 하는 것이 좋아요, 특히 마틴겔 같은 것은 절대로 해서는 안 돼요"라는 대목이 있다.

그러나 양자택일의 세계에서 어느 것이나 한쪽에서 발생하는 확률이 다른 쪽의 확률을 웃돌고 또한 승부의 수익률 차가 중립적이면 마틴겔은 오히려 적극적으로 택하는 쪽이 득책(得策)인 것 같다.

모처럼 마틴겔을 택한다면 주간 수익률 이외에 월간 수익률을 사용한 마틴겔을 시도해 보기로 하자. 설명할 것도 없이 월초에 사고 월말에 파는 것으로 마감하는 조작을 마틴겔을 사용해 하는 것이다.

88

공포를 택할까, 내기를 택할까

〈표 4-9〉 마틴겔 수익률 실적

기간	오리지널
84.10~85.03	10.2500
85.04~85.09	-2.1563
85.10~86.03	20.1653
86.04~86.09	31.1875
86.10~87.03	8.4500
87.04~87.09	-7.7788
87.10~88.03	54.4675
88.04~88.09	2.1250
88.10~89.03	8.3438
89.04~89.09	10.3750
합계	135.4200
월평균	2.2570

결과에 대해서 어떻게 생각하는지는 여러분의 판단에 맡기기로 하자.

4. 떨어지면 산다

시세, 특히 주식시장에는 예로부터 역설적인 격언이 많다. '밀 짚모자는 겨울에 사라' 혹은 '남들이 기피하는 일을 하는 데서 진정한 행복을 찾는다'와 같은 유형의 것이다.

분명히 장기적인 전략을 고려할 때는 시세가 떨어지는 국면에서 사두면서 기다리고 있다가 시세가 오르는 동향을 보이기 시작하면 판다는 작전은 바람직한 것이다. 이러한 역수를 자동적으로 할 수 있는 모델은 설정할 수 없을까 생각해 보자.

물론 싼 값에서의 매수나 비싼 값에서의 매도의 경우를 시사하

<표 4-10> 미국채선물 주간 수익률 시계열

1988년 1월	1.4375
	1.9688
	1.0938
	−0.8750
2월	0.3750
	0.6563
	−1.1563
	0.1875
3월	−1.3750
	−0.8750
	0.1875
	1.7188
	−1.3438
4월	−0.0313
	−0.7500
	0.1250
	0.1250
5월	−1.9063
	0.1875
	2.2813
	0.2188
6월	−1.0000
	1.7500
	1.2188
	−2.0313

는 것으로서 이동평균법이나 스토캐스딕스 등이 존재하나 여기서
는 수익률을 사용한 역수체계로 검토해 보기로 한다.

미국채선물 시장의 주간 수익률을 시계열로 차분히 바라보고

있으면 재미있는 현상을 보게 된다. 예를 들어 1988년 1월에서
6월까지 반 연간의 데이터를 살펴보자(표 4-10).

수익률의 플러스·마이너스의 출현 패턴으로 마이너스 수익률의
주가 2~3회 계속되면 수익률은 플러스로, 또한 플러스의 수익률
이 2~3회 계속되면 다음은 마이너스라는 현상을 자주 보게 된다.

시세는 오르면 떨어지고 떨어지면 오른다는 것이 상례인데, 역
수의 발상도 당연히 그러한 전제에서 생겨났다. 그러므로 이 수익
률의 출현방법에 주목하여 수익률이 플러스의 주가 계속된 경우
에는 매도로부터 시작하여 주말에 다시 매수하고 반대로 수익률
이 마이너스의 주가 몇 번 계속되면 다음 주초는 매수하고 그 주
말에는 매도하는 식의 역수 모델을 검토해 보자.

우선 1984년부터 1989년까지 5년간의 주간 수익률 데이터를
약간 정리해 보자. 수익률 플러스의 상황이 연속해서 발생하는 사
례를 선별하여 2회 연속인 경우, 3회 연속인 경우와 같이 분류를
한다. 마이너스 수익률의 패턴도 같은 방법으로 해 보면 〈표 4-11〉
같은 수치를 얻는다.

이것은 플러스 수익률의 주가 2회 계속되고 다음 주에 마이너
스로 전환하는 확률이 45%, 또 다음 주나 다다음 주까지는 마이
너스로 되는 확률은 45+25=70%로 보면 된다.

마이너스의 수익률로 보면 2회 마이너스가 계속되는 경우는 그
후 3주 내에 수익률이 플러스로 전환하는 것은 55+25+11=91%로 생
각된다. 물론 이것은 과거 5년간의 데이터에 의한 것이며 장래에
도 그렇다는 보증을 하는 것은 아니다. 이 문제에 대해서는 앞에
서 말했듯이 도표의 약점이기도 하다. 또한 과거의 데이터에 기준
한 모델이 안고 있는 결함이기도 하다. 오직 데이터의 특성, 예를

① n회 연속하여 주간 수익률 플러스	→	주초 마감값으로 매도 주말 마감값으로 매수
② n회 연속하여 주간 수익률 마이너스	→	주초 마감값으로 매수 주말 마감값으로 매도

〈그림 4-4〉 역수 모델

연속 횟수	주간 수익 플러스	주간 수익 마이너스
2	45%	55%
3	25%	25%
4	14%	11%
5	8%	5%
6	5%	3%
7	2%	1%
8	1%	0%
합계	100%	100%

〈표 4-11〉 미국채선물 주간 수익률의 연속성

들면 평균값이나 표준편차 등이라면 추측통계의 입장에서 그것이 모집단과 대략 부합하고 있는지 어떤지의 검증은 할 수 있을 것이다. 그러나 수익률의 출현 패턴 등과 같이 좀 특수한 성질의 검정은 어렵다고 말하지 않을 수 없다. 이것에 관해서도 후에 검토하기로 한다.

이야기가 좀 빗나간 꼴이 되었다. 데이터로 보는 이야기이기는 하지만 이 91%의 확률로 주간 수익률이 마이너스의 연속에서 플러스로 반전하고 있다는 사실을 간과해서는 안 된다.

주간 수익률의 연속 플러스에서 마이너스로의 반전도 역시 3주간 기다리면 45+25+14=84%의 확률로 생긴다. 양쪽을 모델화하기 전에 보다 확률이 높은 마이너스에서 플러스로의 수익률 변화

〈표 4-12〉 역수 매수 모델 실적표

기간	자본이익	승률
84.10~85.03	3.0000	80%
85.04~85.09	0.6250	50%
85.10~86.03	2.9063	100%
86.04~86.09	1.5938	50%
86.10~87.03	4.4688	100%
87.04~87.09	2.0625	80%
87.10~88.03	12.2188	100%
88.04~88.09	0.2813	67%
88.10~89.03	5.1563	100%
89.04~89.09	2.5313	100%
합계	34.8441	83%

를 우선 재료로 살펴보자.

즉 수익률이 2주간 연속해서 마이너스가 되었을 경우 다음 주는 매수로부터 시작하는 주로 정해 놓는다. 주간 수익률로 생각하고 있으므로 그 주의 주말에 상태를 폐쇄하는 것은 전항의 모델과 같다.

그러나 그 조작을 한 주의 수익률이 아직도 마이너스가 되어 손실을 입었을 경우에는 마틴겔법의 아이디어를 빌려 다음 주는 2배의 금액으로 만회를 기하도록 룰을 설정한다. 오직 그 후에도 손실이 계속되는 경우에는 상태를 배로 늘리는 게임을 하지 않고 최초 상태의 3배, 4배로 하는 룰로 하고 또한 상한은 5배까지로 해둔다. 즉 수익률 마이너스의 주가 7회 이상 연속했다 해도 조작에 사용하는 금액은 당초의 5배를 웃돌지 않는다는 제어를 설정해 놓자. 이 설정은 특별한 이유가 있는 것이 아니라 다양한 시

〈표 4-13〉 역수 매도 모델 실적표

기간	자본이익	승률
84.10~85.03	−0.5000	33%
85.04~85.09	−0.9375	50%
85.10~86.03	−1.9063	60%
86.04~86.09	5.8750	75%
86.10~87.03	5.6563	100%
87.04~87.09	4.4063	100%
87.10~88.03	0.8438	67%
88.04~88.09	−6.2813	50%
88.10~89.03	−1.7500	50%
89.04~89.09	−9.2188	50%
합계	−3.8125	66%

뮬레이션의 결과로 얻는 기대수익부터의 판단이나 과대한 상태를 가지므로 생기는 위험의 크기를 제한하려는 현실적 판단에서 생겨났을 뿐이지 마틴겔 같은 논리성은 없다(최대상태를 어디까지로 할 것인지는 체력에 대응하여 결정할 것이다).

역시 과거 5년간의 데이터에서 이 역수 구매 모델의 성적을 보기로 하자(〈표 4-12〉 참조).

구매할 모델은 모양을 갖추었다. 매도할 모델도 모양을 갖추었는지 같은 방법으로 검증해 보자.

역수 모델로서는 매매 쌍방의 조작이 가능하게 된 다음부터 완성으로 생각하고 싶으나 매도 모델은 〈표 4-13〉에서 보는 것처럼 분명하지 않다고 볼 수밖에 없다. 수익률이 플러스인 주가 9~10회 연속되는 일도 있어 상태를 증가시키는 것은 5배에서 멈춘다는 룰 하에서는 역수의 연속을 5주로 포기하지 않을 수 없다. 이

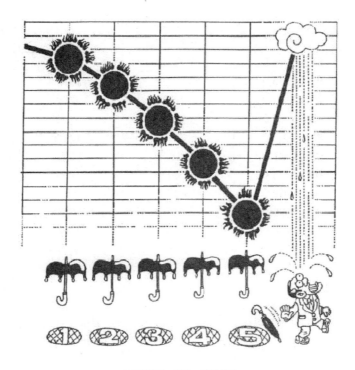

분명하지 않은 원인은?

것은 분명하지 않은 원인의 하나로 여겨지므로 약간 수정해 보자. 여기서 상기해야 할 것은 최초의 주간 수익률 모델에서 출현확률은 주간 수익률이 플러스로 되는 쪽이 컸다는 것이다. 그러므로 수익률이 플러스로 연속할 경우는 매도조작은 1회로 그치는 것으로 한다. 2주 플러스가 계속되면 3주째는 매도조작을 하지만 그 주의 수익률도 플러스가 되어 손실을 입었을 때는 2배, 3배 상태를 증가시키는 것은 하지 않고 다음 주는 조작을 하지 않는다. 이 모델로의 검증결과는 〈표 4-14〉와 같으며 실적은 마이너스에서

〈표 4-14〉 수정 역수 매도 모델 실적표

기간	자본이익	승률
84.10~85.03	-2.4063	33%
85.04~85.09	-1.8750	0%
85.10~86.03	-4.5938	40%
86.04~86.09	5.4063	75%
86.10~87.03	5.2500	100%
87.04~87.09	4.4063	100%
87.10~88.03	0.5313	67%
88.04~88.09	1.6250	75%
88.10~89.03	-0.1250	50%
89.04~89.09	1.0000	50%
합계	9.2188	71%

〈표 4-15〉 통합 모델 성적표
* 마틴겔 A는 〈표 4-8〉에서 검토한 사례 A의 모델이다.

기간	역조 모델	마틴겔 A	통합 모델
84.10~85.03	0.5937	21.9385	22.5312
85.04~85.09	-1.2500	3.0625	1.8125
85.10~86.03	-1.6875	15.7813	14.0938
86.04~86.09	7.0001	5.3438	12.3439
86.10~87.03	9.7188	24.5938	34.3126
87.04~87.09	6.4688	-2.4688	4.0000
87.10~88.03	12.7501	46.7188	59.4689
88.04~88.09	1.9063	0.2813	2.1876
88.10~89.03	5.0313	12.8125	17.8438
89.04~89.09	3.5313	16.0313	19.5626
합계	44.0629	144.0940	188.1569

플러스로 전환하게 되었다.

크게 만족할 수 있는 수익 수준은 아니지만 대체로 역수로서의 매매 모델은 갖추어졌다. 엄밀히 생각하면 수익률의 플러스나 마이너스의 시현확률(示現確率)을 2항분포나 기하분포의 개념을 적용하여 보다 확률론적인 접근으로 포착해 더욱 논리적인 모델로 할 수 있으나 그것에 대해서는 생략하기로 한다.

끝으로 매매 쌍방의 역수 모델의 종합 손익표 그리고 마틴겔과 역수의 통합 모델 손익표(표 4-15)를 참고로 정리했다. 이 모델이 실무에 적합한지 어떤지는 여러분이 판단하기 바란다.

5. 확률발상의 문제점

이 장에서는 수익률이란 시세에 대한 하나의 단면을 적용하여 그것이 어떻게 나타나는지를 판단 재료로 삼아 어떻게 시세를 극복하는가에 대한 것을 살펴보았다.

우선 어떤 시세를 선출하여 주간, 월간 어느 것도 상관없이 그 수익률의 플러스 또는 마이너스의 출현확률을 조사했다.

그리고 각 그룹의 수익률 평균값, 표준편차에서 어느 일방의 그룹에 계속 투자하는 것의 유효성을 찾으려고 했다.

즉 출현확률에 편재성이 존재하여 평균값과 표준편차가 같은 정도라면 확률이 높은 쪽에 계속 거는 것이 유리한 시세가 존재할 수 있지 않을까 하는 검증이었다.

다음에 마틴겔이라는 발상에 근거하여 출현확률이 50%를 초과한다고 여겨지는 사상에 대해서는 수익과 손실 각각의 평균값과

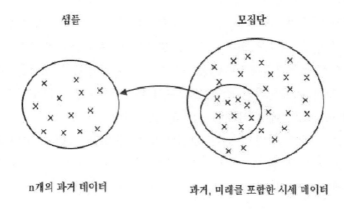

섑플　　　　　　　　　모집단

n개의 과거 데이터　　　　과거, 미래를 포함한 시세 데이터

〈그림 4-5〉 추측통계적 사고법의 이용

표준편차가 같다고 생각해도 좋은 경우에, 손실을 보면 투자 금액을 2배, 4배로 하는 식으로 증가함으로써 보다 유리한 수율을 기대할 수 있을까 하는 것을 실험해 보았다.

그리고 끝으로 수익률의 출현방법의 규칙성(막연하지만)에 주목하여 수익률의 플러스·마이너스가 나타나는 것을 예측하는 방법을 생각해 보았다.

이미 언급한 것처럼 이러한 것을 모델로 해서 실제로 사용할 때의 검토사항이라는 과거의 데이터에서 채집한 출현확률은 미래에도 변하지 않는다고 말할 수 있을지, 수익률의 평균값이나 표준편차도 일정하다고 생각해도 좋을지, 수익률의 플러스·마이너스의 출현 규칙성은 변하지 않을 것인지와 같은 점에 귀착된다.

시세는 살아 있는 물건이라 불린다. 또한 시세거래 참가자의 구조적인 변화나 시세를 존재하게끔 하는 체제 자체의 변혁 등이 시세의 움직임 자체를 바꾸어 놓은 일도 있다. 그러므로 일반적으

로는 과거 5년이나 10년의 데이터를 봐도 그러한 데이터의 통계
값(평균값, 표준편차 등)이 불변한다고는 도저히 말할 수 없다.

　그러나 통계학의 추측적인 방법을 기초로 하여 과거 5년간의
데이터는 과거, 현재, 미래를 모두 내포하는 모집단에서 채집한
하나의 표본으로 여겨, 이 표본의 관찰 결과에서 모집단의 비율이
나 평균값, 표준편차를 추정해 나가는 것은 가능하다. 또한 모집
단 그 자체의 값을 가설로써 받아들여 표본의 정보를 사용하여
그 가설이 옳은지 어떤지를 판단하는 검정작업을 하는 것도 생각
할 수 있다.

　여기까지 엄밀하게 이 모델을 따질 것인지 혹은 어느 정도의
역사를 거쳐 온 모델이라면 그것으로 좋다고 보는지는 사용하는
사람에게 달린 것이다.

　실제로 추정, 검정은 어떻게 하는지 다음 항에서 알아보기로 하자.

6. 확신을 갖고 살 수 있는가

　추정이나 검정 같은 작업에 대해 인간의 사고회로를 모델로 하
여 정보처리를 하는 뉴로 컴퓨터가 이용 가능하다면 과거의 장래
에 대한 재현성은 간단히 해결될 수 있으리라 생각하는 사람도
있겠으나 여기에서는 수제품이 좋다는 것을 나타내기 위해 고전
적 방법을 채용해 보기로 하자.

　〈표 4-1〉에서 보았듯이 미국 채권선물시장의 5년간 데이터에서
262개 샘플의 평균값은 0.1299, 그리고 표준편차는 1.5085였다.
이것을 각각 표본평균, 표본 표준편차라 부른다.

100

　단순한 주초 매수, 주말 매도 모델은 말하자면 이 262개 샘플
의 평균값이 플러스라서 유효한 것이지 이것이 나중에 0으로 되
면 전혀 쓸모없게 된다. 또한 마이너스가 되는 것이라면 모델 변
경을 해서 주초 매도, 주말 매수라는 체계로 해야만 된다(〈표
4-10〉 참조).

　따라서 이 평균값에 관한 추정, 검정 작업은 매매의 방향이 역
으로 되는 것만으로도 의외로 여길 정도로 중요도가 높다는 것을
알게 되었을 것이라 본다(〈표 4-12〉 참조).

　우선 구간 추정부터 시작하자. 모집단의 주간 수익률이 정규분
포한다고 가정한 뒤 모집단의 평균값이 가령 95%의 확률로 어느
구간에 존재하는 것 같은 신뢰구간을 계산해 보자.

---

　① 추정: 어느 통계량 α%의 확률로서의 신뢰구간의 추정 작업
　② 검정: 어느 통계량이 h라는 가설의 α%의 유의수준에서의 검정 작업

〈그림 4-6〉 추정과 검정의 개요

　상세한 설명은 생략하고 정규 표를 사용하면 이 모집단 평균값
의 95%의 신뢰구간〔▲0.0528, 0.3126〕이 된다. 이 과정에서는 모
집단에서의 표준편차는 미지수이기는 하나 샘플 수가 262개나 될
정도로 많으므로 이것을 표본 표준편차로 대용해도 근사오차는
적다고 생각했다.

　물론 샘플 수의 다소에 관한 객관적 판단기준이 없으므로 이것
이 적다고 생각되면, 혹은 실제로 10~30개 정도의 수밖에 없을
경우는 t분포에 의한 구간추정을 하면 된다.

　그런데 모집단 주간 수익률의 평균값이 ▲0.0528에서 0.3126
사이에 포함된다는 것을 95% 신뢰할 수 있다는 것이 제시되었다.

① 평균값의 구간추정(95% 신뢰구간)
  [▲0.0528, 0.3126]
    ↳ 샘플 평균값은 이 속에 포함되어 있다.
② 평균값 0의 검정(0.05의 유의수준)
  모집단의 평균값은 0이 아니다.

〈그림 4-7〉 주간 수익률 모델의 평가

이것은 진정한 평균값이 그 구간에 함유되는 확률을 말하는 것이 아니라 어디까지 95% 정도 확신할 수 있다는 뜻이란 것에 주의하자.

표준평균이 0.1299이며 모집단 평균값 95%의 신뢰구간은 ▲0.0528에서 0.3126이란 것은 어떤 일일까.

앞에서 설명한 대로 주간 수익률에 근거한 단순한 주초 매수, 주말 매도 모델에 있어서는 평균값이 0.1299이고 그 샘플 수가 262개였던 것으로 수익합계는 0.1299×269=34.03이라는 결과가 된 셈이다. 한편, 모집단 평균값의 가능성으로 ▲0.0528이라는 마이너스의 가능성이 나온 이상 단순하게 좋아할 수만은 없게 된다.

즉 과거 5년간의 실적만을 믿고 이 모델을 가동해 봐도 어느 날인가 수익이 마이너스로 전환할 가능성이 통계적인 구간추정 방법에 의해 제시된 것이다. 이러한 모델을 실제로 사용할 때의 주의 신호로 생각해도 좋을 것이다(단, 다른 면에서 생각하면 표본 평균 0.1299는 95%의 신뢰구간 중에 존재하므로 이것을 모집단의 평균에 가까운 것으로 판단해도 좋다. 마이너스의 가능성이 있다고 지나치게 걱정할 필요는 없다).

다음은 검정 작업으로 옮기기로 하자. 주간 수익률의 표본평균 0.1299에 대해 만일 모집단의 평균값이 0이었다면 앞에서 말한

바와 같이 이 단순 모델은 쓸모없다고 생각하는 것이 타당할 것이다.

또한 모집단의 평균값이 마이너스라면 단순 모델을 주초 매도, 주말 매수로 변경하면 되므로 이 모델 자체가 유효한지 어떤지는 모집단 평균이 0인지 아닌지에 따라 판단하면 좋다고 말할 수 있다.

즉 문제로 삼을 것은 0.1299라는 표본 평균의 숫자 그 자체가 평균 0의 정규 모집단에서 우연히 출현한 변동 수치인지 또는 0.1299 부근의 평균을 갖는 정규 모집단의 하나의 표본 수치로 생각할 수 있는가 하는 점이다. 여기서 가설의 검정이라는 절차를 생각해 보자.

검정해야 할 가설(귀무가설)을 '모집단의 평균은 0이다'로 하고 그것이 기각되었을 경우에 채용되는 대립가설을 '모집단의 평균은 0이 아니다'로 한다.

통계검정량을 표본 평균값으로 하고 그 수치가 귀무가설(歸無假說)을 기각하는 기각역에 포함되는지의 여부를 조사하여 이 단순 모델의 유효성을 검정하는 것이다.

유의수준 0.05로 하여 기각역의 임계점을 계산하면 ±0.1211(=±1.96/$\sqrt{262}$)가 된다. 표본 평균은 0.1299이며 이것은 겨우 기각역에 떨어지게 되므로 귀무가설은 기각되고 대립가설을 채택한다. 즉 모집단 평균은 0이 아니고 주간 수익률 모델은 쓸모 있다는 결론을 얻게 된다.

단, 이 절차에 있어 제1종 과오라는 오류를 범할 가능성이 있다는 것을 주의하자. 유의수준을 0.05로 한 것은 귀무가설이 옳은데도 불구하고 이것을 기각해 버리는 오류를 범하는 최대 5%의 확률을 부여한 것과 같다.

역으로 통계검정량이 기각역에 포함되지 않고 귀무가설을 기각하지 않았을 경우에는 대립가설이 옳은데도 불구하고 이것을 옳다고 판정하지 않는 제2종 과오를 범하고 있다는 가능성이 잠재하고 있다.

이처럼 검정이라는 중요한 과정 속에서 귀무가설 기각의 가부라는 결론 이외에 범할 수 있는 오류에 대해서도 인식하고 있을 필요가 있다.

지금까지 해 온 작업에 의해 주간 수익률의 단순 모델에 관해 수익률 평균값의 95% 신뢰구간이 [▲0.0528, 0.3126]이고 또한 유의수준 0.05에서 이 모델은 유효하다는 것을 〈표 4-12〉를 통해 알 수 있다.

오직 가설의 검정에서는 모집단의 평균이 0이 아니라는 것이 제시되어 있을 뿐 매수의 모델로서 유효한 것인지 매도의 모델로서 유효한 것인지가 밝혀진 것은 아니다.

그러므로 귀무가설을 예를 들어 '모평균은 0.1이다'로 하고 대립가설을 '모평균은 0.1이 아니다'로 하는 검정을 해서 볼 수도 있을 것이다. 부언하면 이 결과에서 귀무가설은 유의수준 0.05로 기각되지 않는다.

물론 이것은 귀무가설, 즉 모평균이 0.1이란 것을 적극적으로 긍정하는 것은 아니지만 이 모델을 매수의 모델로서 인지하지 않는다는 반론은 정당화되지 않는다는 데 의미가 있다.

결국 이 모델에 대해 100%의 확신을 갖고 반드시 수익을 올리는 것이라고는 말할 수 없으나 과거의 데이터만을 보고 작성한 모델이 어느 정도의 가치가 있는지의 의문에 대해서는 어느 정도 설득력이 있는 대답이 될 것 같다.

여기서는 주간 수익률의 단순한 모델을 보기로 들어 추정이나 검정을 간단히 해 보았다. 다른 다양한 모델에 대해서도 이것과 같은 작업을 하는 것은 매우 중요하다.

좀 어려운 통계의 세계에 들어갔으나 이러한 하나하나의 단계를 밟은 다음에 문제점을 파악하는 것이 실제의 운용에 있어서 필요하다. 만일 잘 가동되지 않았을 경우에는 그 체계를 수정하려고 해도 소 잃고 외양간 고치는 것 같은 작업을 할 필요 없이 충분한 사전 여유를 갖고 수정할 수 있는 것이다. 기본적인 추정과 검정작업은 다음 단계의 기초가 되는 것이지 결코 모델 그 자체의 실패에 대한 변명으로 사용해서는 안 된다.

5장
중회귀를 사용하여 거래한다

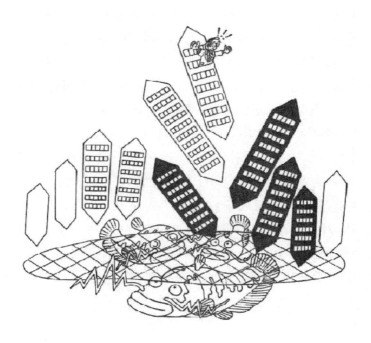

1. 얼핏 보아 무관계한 관계를 찾는다

3장의 후반에서 통계의 개략을 설명할 때 상관관계에 대해서 약간 언급했다. 여기서 다시 한번 구체적인 예로서 이야기해 보겠다. 대학 시절의 학업성적과 평생 임금의 합계에서 어떤 관계를 찾아내든지, 무 1개의 값과 달걀 1개의 값 사이에는 무엇인가 연계성이 있는지에 대한 분석을 할 때, 양 변수의 데이터를 모아 그 상관관계를 계산하고 인과관계를 계량적으로 표현하여 그 상관율을 확인하는 것이 상관관계이다.

이러한 분석은 경제에서는 꽤 폭넓게 사용되고 있다. 인플레율과 통화공급량의 관계를 보거나 금리의 움직임 속에서 단기금리와 장기금리의 관계를 분석할 때 그 상관관계를 알기 위해 통계적 방법을 사용한다. 그리고 그 양자의 인과관계를 관계식으로 표현하여 한쪽을 종속변수, 다른 쪽을 독립변수로 하고 어떤 독립변수가 주어졌을 때 종속변수가 어떤 값을 취할 것인지를 예측하고자 한다. 이 방법을 회귀 분석(Regression Analysis)이라 한다. 특히 복수의 독립변수에서 하나의 종속변수를 유출하는 분석법을 중회귀 분석(Multiple Regression Analysis)이라 하며 다변량해석 중에서 가장 일반적인 방법으로서 다양한 분야에서 응용되고 있다.

주변에서 볼 수 있는 예로 생각해 보자. 월급쟁이는 음주 기회가 많아 간장병에 걸리기 쉬운 환경에 있다. 1주일 동안에 어떤 사람이 맥주로 환산하여 어느 정도의 양을 마셨는지를 제1의 독립변수로 하고, 1주일 중 매일 일정량 이상의 술을 마셨는지를 제2의 독립변수로 해서 간장질환의 가늠이 되는 감마 GT의 값을 종속변수로 하자. 다수의 월급쟁이를 대상으로 조사하여 다음과 같은 1차식을 얻고 종속변수와 2개의 독립변수 사이에 높은 상관 관계가 나타났다고 하자.

Y=2.3×X₁+4.7×X₂+18.5

　　　Y: 종속변수(감마 GT)

　　　X₁: 제1독립변수(맥주병 수)

　　　X₂: 제2독립변수(일정량의 일수)

상관관계가 뚜렷하게 나타난다는 것은 채집한 데이터가 위의 식에 잘 적용된다는 것이다. 그 연장으로 어떤 사람의 X₁와 X₂의 값을 관측한 경우 그 사람의 Y값을 대체로 예측할 수 있다는 것도 된다.

여러분이 모두 술을 마신다고는 할 수 없으나 가령 여러분의 X₁이 30이고 X₂가 4일 때 위의 식에 이것을 대입하면 Y는 106.3이 된다. 보통 감마 GT는 50을 넘으면 주의를 요한다고 하므로 여러분은 술을 사양하든지 전문의와 상담하여 실제의 감마 GT를 조사해 볼 필요가 있을 것이다.

중회귀 분석은 이처럼 상관도가 높다고 여겨지는 데이터를 선정하여 그 함수(항상 1차식이 되는 것은 아니다)를 유출해 실제로 그 함수에 어느 정도 신뢰성이 있는지를 점검하고 나서 예측에 사용한다는 절차를 밟게 된다. 좀 더 상세히 그 분석법을 알아보자.

우선 데이터가 모두 준비되었다고 보고 중회귀식, 즉 다양한 독립변수에서 종속변수를 구해내는 식을 생각해야 한다. 1차식은 중회귀식을 유도하기 위해 Y와 $a_1×X_1+a_2×X_2+C$의 차, 즉 실측값과 예측값의 차(예측 오차)가 가장 적어지도록 a_1, a_2, C를 정해주면 된다. 통상 최소제곱법이라 부르는 각 데이터 예측 오차의 제곱합이 최소가 되는 계산방법을 사용한다. 예측 오차의 제곱합

술은 사양해도 시세는 오른다

을 A로 하면,

$$\frac{\partial A}{\partial \alpha_1} = 0, \ \frac{\partial A}{\partial \alpha_2} = 0, \ \frac{\partial A}{\partial C} = 0$$

을 풀면 되지만 실제 문제로는 스프레드시트의 소프트웨어 등을 사용하면 컴퓨터가 1초에 풀어 준다.

이렇게 α_1, α_2, C가 구해지고 중회귀식이 생겨나는 것이다. 그러나 이것으로 안심할 수 없다. 앞에서 말한 대로 상관관계의 정도를 조사할 필요가 있다. 여기서 상관관계, 중회귀 분석의 경우

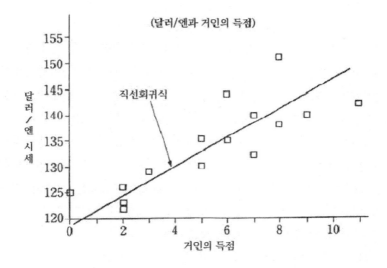

〈그림 5-1〉환시세와 프로야구는 상관관계가 있는가

를 중상관계수라 하는데, 이 계수에 의해 중회귀식이 적절하게 종속변수와 독립변수의 인과관계를 나타내고 있는지, 바꾸어 말하면 이 중회귀식이 예측식으로서 실용에 적용할 수 있을지의 여부를 필요조건으로 판단하게 된다.

중상관계수에 대해 고찰해 보기로 하자. 2변량의 경우 상관관계가 어떻게 유출되는지는 이미 3장에서 언급했으므로 되풀이하지 않는다. 이 계수는 -1에서 1까지의 값을 취하는 것도 이미 본 그대로이다. 상관은 회귀식의 적절한 적응도의 상태이므로 Y, 즉 목적변수의 실측값의 분산에 회귀식에서 얻어지는 예측값의 분산이 어느 정도 근사한지에 대한 표현으로 바꾸어 놓을 수 있다. 이 비율에서

실측값의 분산/예측값의 분산

이라는 값을 결정계수라 부른다. 결정계수의 제곱근은 상관계수와 같다(중회귀식의 경우에는 중상관계수라 부른다). 이 중상관계수가 얼마이면 회귀식의 적용이 좋다는 기준은 없으나 실무적으로는 0.7~0.8 정도를 우선 목표로 하는 방법을 취하는 일이 많다.

중회귀 분석 시에 다시 고려해야 할 중요한 일은 독립변수의 수가 많으면 많을수록 결정계수가 1에 가까워진다는 것이다. 또한 종속변수에 큰 영향을 미치는 독립변수를 빠뜨리면 회귀의 정도가 나빠진다는 것, 독립변수 간에 서로 상관이 높은 관계가 있을 때도 역시 모델의 질이 떨어진다는 것 등이다.

시세예측 모델이란, 회귀 분석에서 10개 정도의 설명변수를 사용한 중회귀를 하여 결정계수가 1에 매우 가깝다고 해서 예측식으로서 사용하는 예를 자주 보는데 위에서 말한 문제점을 무시한 어느 정도 조잡한 모델이라고 할 수 있다. 중회귀는 퍼스널 컴퓨터로 간단히 이용할 수 있게 되었으나 반면에 세심한 주의를 기울여야 한다는 것을 잊기 쉽다.

또한 엄밀하게 중회귀식이 예측식으로 사용될 수 있는지를 점검하기 위해서는 이것 이외에 아직 작업이 필요하다. 실무적으로 어디까지 조사하면 그 중회귀 분석이 유효한지를 판단할 수 있는지 규정하기는 어려우나 알고 있으면 손해는 없다는 데까지 중회귀 분석의 점검방법을 알아보기로 하자.

2. 예측에 대한 중회귀

우선 추정과 검정작업이 있다. 이 의미나 생각하는 법은 앞장에서 수익 모델의 문제를 분석할 때 설명했다. 중회귀 분석의 경우에도 예측값의 신뢰구간을 추정하거나 구한 중회귀식이 예측에 사용할 수 있는지의 검정을 하게 된다.

즉 중회귀식을 구하고 그 결정계수를 안다는 단계는 아직 기술된 통계에 멈춰 있는 것이므로 이것을 예측식으로 전개하는 추측통계의 발상법을 이용할 필요가 있다. 실제로 어떤 계산을 하는지는 전문서적에 맡기고 어떤 단계를 거칠 필요가 있는지를 알아보자.

추측통계는 채집한 데이터가 어떤 모집단에서 무작위로 추출된 것으로 여겨 데이터에서 도출된 α_1, α_2, C 등의 회귀계수가 모집단의 회귀계수에 대해 어떤 관계를 갖고 있는가, 모집단 각각의 회귀 계수가 어떻게 추정되는가 하는 문제에 회답을 제공한다. 기술통계에서 산출된 회귀식을 예측에 사용하기 위한 점검을 하는 셈이다.

우선 회귀계수의 추정에 대해 생각해 보기로 하자. 회귀식에서 얻는 회귀계수와 모집단의 회귀모수(回歸母數)의 관계는 어떻게 되어 있는 것일까. 좀 어렵지만 모집단에 있어 $y=\alpha_1 x_1 + \alpha_2 x_2 + \beta + e$로 나타내는 회귀식의 오차항 e가 다음 조건을 충족시킬 때에는 회귀계수 α_1, α_2, C는 회귀모수 α_1, α_2, β의 불편(不偏)추정량으로 되어 있다. 즉 α_1, α_2, C의 기댓값이 α_1, α_2, β와 같다고 생각할 수 있다.

　조건 1 오차항 e의 기대치가 0

　조건 2 오차항 e는 서로 독립적이며 일정한 분산값 σ^2를 갖고,

정규분포 N(0, σ^2)에 따른다.

그리고 회귀모수의 구간추정을 95%의 신뢰계수로 해 본다. 샘플 수가 충분하게 많을 때는 정규분포, 적을 때는 t분포를 이용하여 신뢰구간을 추정하고, 그것이 모집단의 회귀모수 α_1, α_2, β를 구간 내에 함유하고 있는지에 따라 모집단에서의 관계가 적절하게 샘플 속에서 추출되어 있는지를 판단하게 된다.

다음에 회귀모수 α_1, α_2가 0이 아니라는 것을 조사하는 작업에 검정을 사용해야 한다. α_1, α_2가 0이면 그 독립변수는 종속변수를 전혀 설명하고 있지 않은 셈이 되므로 데이터에서 구한 회귀식은 예측에는 사용할 수 없게 된다. 그러므로 α_1=0, α_2=0이란 가설을 설정하여 이를 기각할 것인지의 여부를 조사할 필요가 있다.

나아가서 예측식으로의 적성을 보기 위해 분산 분석이란 분석법을 적용하여 중회귀식을 예측에 사용할 수 없다는 가설을 검정하는 방법이 있다. 그런데 이러한 검정작업을 하기 위해서는 아무래도 통계학의 교과서가 필요하다. 여기서는 기술된 식이 예측에 쓰일 수 있을지를 판정하는 데는 어떤 작업이 필요한지를 설명하는 것으로 마무리하기로 하자.

끝으로 예측식으로서 유효한 것이 확인되었다고 하면 그 예측값의 구간추정을 해 보고 싶은데, 이것에 대해서도 전문서적에 맡기기로 하자.

또한 회귀식의 오차항 중 자기 상관의 존재에 대해서 조사하기 위해 자주 다빈 워트슨양이라는 것이 이용된다. 정의는 다음과 같으며 이것이 2에 가까울수록 자기 상관이 없다고 생각한다.

$$d = \sum_{t=2}^{n} (e_t - \ell_{t-1})^2 \Big/ \sum_{t=2}^{n} e_t^2$$

이것은 앞에서 설명한 회귀계수를 회귀모수의 불편추정량으로 생각하기 위한 조건이다. '오차항은 서로 독립'이라는 항목을 점검하는 것이며 잊기 쉬우나 중요한 작업 요점이다.

이야기가 좀 소상하게 되었지만 이는 통계를 이용할 때 실무적으로 혼동하기 쉬운 기술통계와 추측통계를 명확하게 구별하는 것을 목적으로 했기 때문이다. 가능하면 혼자서 이 부분을 복습해 보기 바란다. 실무수준의 시세에 관한 보고 등에는 이런 작업을 전혀 무시한 것이 너무도 많기 때문이다.

3. 환시세와 금리의 관계를 탐구한다

중회귀 분석을 적용하여 시세를 생각하기에 앞서 중회귀에 대해 약간 전문적인 이야기를 계속했다. 지금부터 실무적인 것으로 들어가기로 하자.

과제는 환시세와 금리 사이의 관계를 중회귀 분석을 사용하여 생각해 보는 것으로 한다. 환과 금리라고 하면 좀 연구해 본 사람이라면 선물환과 금리 격차의 재정 관계, 즉 패리티(Parity)를 연상할지도 모른다. 가령 극히 간단한 예로서 2년간 두 나라의 금리가 소여(所與)라면 직물(SPOT)환에 대한 선물(스플렛)은 자동적으로 연역된다.

$S(1+r_a)^2 = F_2(1+r_b)^2$

    S: 스포트율

{   F$_2$: 2년 후의 워드율

    r_a, r_b: 각국의 2년간의 금리

114

또 어떤 사람은 금리가 높은 통화로 자금이 흘러 스포트율은 고금리 통화가 매수되는 경향이 강하다는 실제의 시세를 연상할지도 모른다. 어느 쪽이나 환과 금리와의 관계를 연상한 것이다.

선물환은 별도로 하고, 격심한 자본 이동이 환의 스포트율을 크게 좌우하게 되면서부터 환이 금리를 정하는지, 금리가 환을 정하는지 판단하기 어려워졌다. 따라서 인과관계로서 환과 금리는 어느 쪽이 독립변수이고 어느 쪽이 종속변수인지 하는 결론은 나지 않을 것으로 보인다. 그러므로 이 2개의 시세를 회귀로 분석하려고 해도 의미가 없다고 생각하는 사람도 있을 것이다. 즉 미국이 금융 핍박정책을 견지하고, 일본이 어느 정도 완화정책으로 기울었다면 시장은 민감하게 달러 매수, 엔 매도로 움직인다. 이것은 금리 차가 환을 움직이는 예이다. 역으로 시세의 감정으로 금융정책의 변경을 미리 감득 또는 재촉하는 형태로 환이 먼저 움직이고 나서 금융정책이 뒤따라 변경되는 일도 자주 발생한다. 이것은 오히려 환이 금리 차를 형성하는 과정이라고 할 수 있다.

이처럼 환과 금리, 특히 단기금리의 관계를 $y=ax+b$의 식으로 표현하는 데는 저항을 느끼는 사람도 많을 것이다. 장기금리의 경우도 저항감은 별로 다를 바 없을 것이다. 의당 장기금리는 같은 금리라 할지라도 정책 의도가 반영되는 단기금리와 달리 채권시세라는 시장의 자유로운 매매환경에서 유도되는 것이다. 물론 단기금리와는 무관하지 않고 당국의 금융정책에 강하게 영향을 받는 것이지만 반드시 평행하게 움직이지는 않는다. 그러나 환과의 관계에서 보면 이것도 단기금리의 경우와 큰 차가 없는 것처럼 생각된다. 각국이 처한 환경 하에서 형성되는 국내 채권시세에서 두 나라 간의 장기금리 차가 생기고 그 금리 차가 환 위험을 보

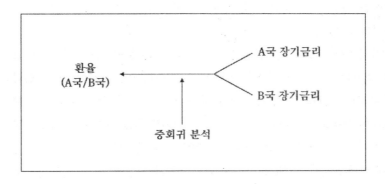

〈그림 5-2〉 환과 금리의 중회귀 모델

상하고도 남는다고 생각된다면 저금리 국에서 고금리 국으로 장
기자본이 흘러들어 환시세에 영향을 미친다. 이것은 금리 차가 환
을 설명하는 패턴이 된다. 반대로 환시세가 어떤 재료로 움직여서
어떤 통화가 매도되면 그 통화로 발행된 채권도 함께 가격이 떨
어진다. 즉 타국의 장기자본이 유출되거나 금융핍박을 예상하는
것에 의해 채권시세가 떨어지는 일도 있다. 이것은 환이 금리를
설명하는 움직임이다.

장기금리든 단기금리든 환과의 인과관계는 정하기 어렵다. 국면
국면에서 독립변수와 종속변수가 바뀌는 것처럼 여겨지기 때문이
다. 이러한 경우에 중회귀 분석은 전혀 쓸모없는 것일까.

실무 면에서 시세를 바라볼 때 통계적인 접근이 보편적이 될
필요는 없다. 앞에서도 말했듯이 도구로서의 가치를 알고 그것을
사용할 수 있다고 생각되는 경우는 적절히 사용하면 되는 것이다.
환과 금리에 대해서도 가령 금리가 환을 설명하고 있는 것이 아
닐까 하고 여겨지는 국면에 있어, 금리를 독립변수로 하고 환을

116

종속변수로 하여 중회귀 분석을 해 보는 것도 결코 무의미하다고
는 볼 수 없다.

　여기에서는 그러한 입장에서 언제라도 사용할 수 있다고는 할
수 없으나, 일정한 국면에서 양국의 장기금리(즉 장기채권시세)가
어느 정도 환을 설명하고 있는지를 분석하면서 중회귀식에서 제
시되는 환율과 실제의 환율을 비교하여 재정(裁定)거래가 이루어질
수 있을지의 여부를 생각하는 모델에 대해 설명하고자 한다.

　독립변수로서 구체적으로는 채권선물시장의 가격을 취한다. 현
물 채권의 가격이라도 무방하지만 현물은 지표 상품명 교체 등의
문제점이 있으므로 선물시장 쪽이 다루기 쉽다. 그러나 선물시장
은 보통 3월한, 6월한, 9월한, 12월한이란 각 한월(限月)의 시세
가 있고 지금 가장 활발하게 거래되고 있는 것이 3월한이라 할지
라도 언젠가 때가 되면 거래는 3월한에서 6월한으로 이행한다.
이것을 한월교체라 하는데 이때 두 나라의 채권선물시세의 데이
터를 사용하므로 한월교체 시에는 동시에 데이터를 다음 한월의
것으로 교체해야 할 필요가 있다는 것은 두말할 나위도 없다.

　실제로 예를 들어 생각해 보자. 영국의 파운드와 일본 엔의 환
율을 종속변수로, 영국 국채선물시장과 일본 국채선물시장의 가격
을 독립변수로 하여 중회귀 분석을 해 보자. 그러기 위해서는 데
이터를 취하는 시간대도 모두 동시로 해야 할 필요가 있다.

　가령 과거 2개월의 데이터에 의해 다음과 같은 중회귀식을 얻
었다고 하자.

　$Y = -4.28X_1 + 1.75X_2 + 522.10$

　　　Y: 파운드/엔의 환율

　　　X_1: 일본 국채선물 가격

X_2: 영국 국채선물 가격

이 중회귀식이 과거를 잘 기술하고 있는지 나아가서 예측식으로 유효한지에 대한 작업을 할 필요가 있다는 것은 이미 전 항에서 설명한 대로이다. 위 식은 1990년 7월의 어느 시기에 과거 2개월의 데이터를 이용하여 산출한 것이다. 이 결정계수는 0.79이고 상관계수는 0.89였다. 이것으로 보는 한 이 중회귀식은 과거 2개월에 관해서는 꽤 적중성이 좋다는 것을 나타내고 있다.

추정이나 검정에 대한 작업은 전 항의 단순한 반복이 되므로 생략한다.

이 중회귀식을 예측에도 사용하는 것이 가능하다고 생각될 때, 이것의 사용법은 여러분 나름대로 여러 가지가 있을 것이다. 어떤 제약이 있어 환의 공공연한 상태를 유지할 수 없을 때는 마치 환거래를 한 것 같은 상태를 채권선물시세로 작출한다. 즉 인공적인 혹은 의사적인 환상태의 조성을 생각할 수 있다. 앞의 식으로 말하면 파운드를 일본 엔으로 매수하고자 할 때 환시장에서 그 거

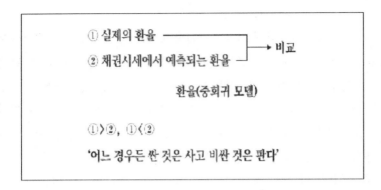

① 실제의 환율

② 채권시세에서 예측되는 환율 ┐→ 비교

환율(중회귀 모델)

①>②, ①<②

'어느 경우든 싼 것은 사고 비싼 것은 판다'

〈그림 5-3〉 중회귀에 의한 재정 모델

래를 하는 대신에 엔채선물을 어느 정도 팔고 영국채선물을 어느 정도 사게 됨으로써 환과 비슷한 경제효과를 기대할 수 있는 상태를 만들 수 있다고 생각한다.

여기서는 한 발 나아가서 실제의 환시세와 이 회귀식에 의한 환추정값과의 차가 과거로부터 꽤 괴리되었다고 생각될 때 환의 조작과 채권선물의 조작을 동시에 해서 재정을 하는 거래에 대하여 생각해 보자. 우선 현실의 시세에 근거해 보도록 하자. 어느 날 파운드·엔의 환율이 270엔이고 일본 국채선물 가격이 94.55% 또한 영국 채권선물가격이 83.55%였다. 채권선물 가격에서 유도되는 환추정값은 중회귀식에서

Y=-4.28×94.55+1.75×83.75+522.10=263.99

즉 채권시세에서 추정되는 환율은 약 264엔이지만 실제의 시세는 270엔이며 6엔이 괴리되어 있다. 참고로 중회귀를 한 과거 2개월간의 환시세와 추정값과의 오차평균값은 0, 표준편차는 1.99이며 당일의 차인 6은 매우 큰 숫자라고 생각된다.

   그러므로 환율의 파운드가 지나치게 높거나 혹은 환율을 설명하는 채권선물 가격에서 일본 국채가 너무 높고 영국 국채가 지나치게 낮은 것이 아닌지 추측된다. 조작으로는 환시장에서 파운드를 팔고 엔을 사고, 엔채선물을 팔고 영국 국채선물을 사는 것이다. 이것은 실제의 환으로 파운드 매도, 엔 매수에 대해 채권시세로의 의사적인 파운드 매수, 엔 매도라는 작전, 즉 환이라는 필터를 통한 하나의 재정거래가 된다.

   수일 후 파운드가 대엔으로 267엔이 되고 엔채선물이 94.25%, 영국 국채선물이 84.50%로 되었다. 중회귀가 나타내는 환추정값은
   $$Y=-4.28 \times 94.25+1.75 \times 84.50+522.10=266.59$$
이며 실제의 율과 거의 같은 수준이 된 셈이다. 이 모델로 보면 시세는 균형점으로 돌아간 것이며 앞에서 설명한 재정(裁定)은 잘 되었다는 결과가 된다.

   다음은 매도 또는 매수할 채권선물의 단위인데 이것은 회귀계수로 표현되어 있다. 환율 Y는 1파운드당의 엔으로 나타낼 수 있는 것이며 환 1단위에 대해 엔채선물이 마이너스 4.28단위, 영국채선물이 1.75단위로 대응하고 있다. 가격은 퍼센트로 나타내므로 실제로는 환 1단위에 대해 엔채 428단위, 영국채 175단위, 단 영국채에 대해서는 환율 조정이 필요하며 264분의 175, 즉 0.66단위가 현실의 단위이다. 즉 환시장에서 100만 파운드를 매도하려면 엔채선물은 428×100만=4억 2천 8백만 엔, 영국채선물은 0.66×100만=66만 파운드가 단위로 된다. 단, 선물시장은 최저거래 단위가 엔채 1억 엔, 영국채 5만 파운드로 되어 있으므로 현실로는 엔채선물 매도는 4억 엔, 영국채선물 매수는 65만 파운드가 되지 않을 수 없다. 이것은 이론대로 조작할 수 없는 현실의

안타까움이지만 엄밀한 결과를 기대하는 것으로 본다면, 그리 큰 제약사항은 아닌 것 같다.

이미 알아차린 사람도 있겠지만 상기한 중회귀 모델을 이용할 때 순수하게 금리가 환을 설명하는 독립변수라고 판단하는 것은, 즉 앞의 예로 본다면 환시장의 파운드가 엔에 대해 지나치게 높다고 생각하는 것에 불과하다. 단순히 대엔으로 파운드를 매도하면 좋다는 것이다. 즉 추정값과 실제의 시장률과 비교함으로써 비싼 것만을 매도하면 좋을 것이며 재정거래로서의 한쪽을 의사한 상태로 만들 필요는 없다고 생각하는 사람도 있을 것이다. 이것도 한 방법이기는 하다.

그러나 앞의 예에서 270엔이 너무 높다고 해서 파운드를 대엔으로 팔고 다음 날 엔채시세가 어떤 재료로 급락하여 가격이 93까지 떨어진 것으로 영국채선물은 불변했다고 하자. 이때 환이 272엔이 되었다고 하면 공공연한 환작정밖에 할 수 없었던 경우에는 2엔의 손실을 본다. 그러나 재정거래로 의사환 상태, 즉 엔채 매도, 영국채 매수를 했다면 엔채 매도가 효과를 보아 역으로 합계에서는 수익이 된다.

두 가지 거래의 차이에 대해서 간단하게 정리해 보자.

(1) 중회귀식

$$Y = -4.28 \times X_1 + 1.75 \times X_2 + 522.10$$
$$R^2 = 0.79$$

(2) 1990년 7월 α일

파운드/엔: 270엔

일본국채선물: 94.55%

영국채선물: 83.75%

환추정값: 264엔(중회귀에서)

—조작—

Ⓐ 환시장에서 100만 파운드 매도(정상조작)

Ⓑ 환시장에서 100만 파운드 매도와 동시에 엔채선물을 4억
엔 매도, 영국채선물을 65만 파운드 매도(재정거래)

(3) 1990년 7월 β일

파운드/엔: 272엔

일본국채선물: 93.00%

영국채선물: 83.75%

환추정값: 271엔

—조작 결과—

Ⓐ 환거래에서 200만 엔의 손실(정상조작)

Ⓑ 환거래에서 200만 엔의 손실과 엔채선물거래에서 620만
엔의 이익, 합계로 420만 엔의 이익(엄밀하게는 선물거래
가격이나 자금가격을 계산할 필요가 있다)

즉 이 재정 모델에서의 중회귀는 예측의 기능을 다하면서도 결
코 다음날 이후의 환시세를 예측하는 것이 아니다. 환시세와 두
나라의 금리 사이의 균형을 설명하고 있는 것이다. 지금 현재의
금리 수준에서는 현재의 환율이 지나치게 높다는 것이다. 다음 순
간의 금리 수준이 변화하면 이 모델이 요구하는 환율도 변한다.
이것은 현재의 환율을 부정하고 있는 것이 아니라 금리와 환의

바르지 못한 점을 지적한다고 생각할 수 있다. 지금을 예로 들면 7월 α일에 추정값과 실세값과의 괴리는 6엔이었는 데 대해 7월 β일에는 1엔으로 거의 균형점으로 만회되었다는 것으로 보아 역시 재정거래에 적합한 것이다.

4. 중회귀 모델은 쓸모가 있는가

지금까지의 파운드와 엔의 경우를 설명했다. 실제로 이루어진 거래를 참고로 소개하기로 하자. 예를 2개 들고 각각에 대해 의견을 말하기로 하자.

⑴ 1990년 3월 t일
당일에 과거 60일간의 데이터를 사용하여 중회귀를 시도했던 바 다음과 같았다.

$$Y=0.28 \times X_1 - 1.87 \times X_2 + 380.48$$

   Y: 파운드/엔

   X_1: 엔채선물시세

   X_2: 영국채선물시세

   R^2: 0.74(결정계수)

   σ: 4.07(괴리의 표준편차)

이날의 시장은 환 263.36엔, 엔채 94.08, 영국채 80.03125였으며 중회귀에 대입하여 얻을 수 있는 환추정값은 256.79엔, 즉 현실의 파운드는 엔에 대해 6.57(263.36-256.79)이 높은 것 같았다. 이 괴리는 60일간의 표준편차를 초과하는 것이었으므로 재정을 하기로 했다.

환시장에서 우선 1000만 파운드를 엔과 대가로 매도하고, 엔채를 3억 엔 매수하고, 영국채를 700만 파운드 매도했다. 이 계수, 즉 채권의 매매단위는 이미 설명한 대로이다. 가격은 각각 263.15, 94.05, 80.0625였다. 즉 이것의 재정거래를 했을 때의 괴리값은

$263.15-(0.28 \times 94.05-1.87 \times 80.0625+380.48)=6.05$

였다. 기준으로는 '이 괴리가 작아지면 이 조작은 수익을 올릴 수 있다'고 생각하면 된다.

t의 2일 후에 시세는 다음과 같이 변했다.

파운드/엔: 257.01

엔채선물: 95.42

영국채선물: 81.28125

괴리는 2.19로 축소, 즉 재정은 잘되었다는 결과가 된다. 수익은

환: $(263.15-257.01) \times 10,000,000=61,400,000$(엔)

엔채: $(95.42-94.05)/100 \times 300,000,000=4,110,000$(엔)

영국채: $(80.0625-81.28125)/100 \times 7,000,000$

$$=\blacktriangle 85,312.50(파운드)$$

합계: 43,583,834엔

이 된다. 여기에서 환거래에서 생기는 파운드 차입비, 엔 운용금리, 선물거래 수수료 등을 계산하여 정확한 수익을 파악하게 되는 것이다.

여기서 재미있는 것은 조작이 파운드 매도, 엔 매수와 엔채 매수, 영국채 매각이라는 상식적으로 재정이라 생각할 수 없는 거래

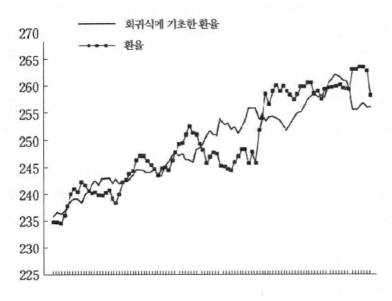

270
265
260
255
250
245
240
235
230
225

회귀식에 기초한 환율
환율

〈그림 5-4〉 환율(파운드/엔)과 국채에 의한 합성환율의 추이

형태가 되어 있다는 것이다. 보통 직감적으로는 파운드 매도, 엔 매수라는 거래에 대한 재정은 엔채 매도, 영국채 매수인 것으로 생각하기 쉽기 때문이다.

그리고 더욱 흥미로운 것은 그 2개월 후쯤에 60일 데이터로 중회귀를 해 본 결과

$$Y=-4.22 \times X_1+1.66 \times X_2+524.06 \ (R^2=0.71)$$

과 X_1, X_2의 각 계수의 부호가 역전하고 말았다. 즉 조작이 마치 역으로 전환하고 마는 것이다.

이것은 중요한 점을 시사하는 것으로 상당한 주의를 기울일 필요가 있다. 즉 조작을 한 5월 t일부터 2개월 사이에 시장 움직임의 구조변화가 있었다는 것이 명백하여 같은 날에 한 중회귀식의

결정계수는 적어도 그날 이후 어느 시점부터 급격하게 저하했을 것이다. 조작을 마감한 t의 2일 후의 시점에서는 아직 과거의 경향이 계속하고 있었으나 이 결정계수가 무너진 것을 알아차리지 못하고 그대로 그 상태를 상당일수 보유하고 있었다면 아마 틀림없이 손해를 보았을 것이라고 생각할 수 있다.

(2) 1990년 7월 t일

앞의 예와 같이 파운드와 엔의 환, 금리의 중회귀 모델을 이용해 보았다. 당일 60일간의 데이터 채용에서 다음과 같은 중회귀식을 얻었다.

$Y = -4.22 \times X_1 + 1.66 \times X_2 + 524.06$

X_1, X_2, Y는 먼저 예와 같으며 결정계수는 0.71, 추정값과 실세값과의 차의 표준편차는 1.83이었다.

당일의 환, 엔채, 영국채의 시세는 다음과 같고 추정값과 실세값과의 차에서 재정을 하기로 했다.

파운드/엔: 268.17

엔채선물: 94.90

영국채선물: 86.5

환추정값: 265.84

환실세값: 268.17

차: 2.33

즉 괴리 2.33으로 상태를 조성했으나 귀찮게도 그 후 수일 있다가 그 괴리는 3.75까지 확대되고 말았다. 이것은 물론 상정할 수 있는 것, 즉 있을 수 있는 일인데 이것이 바로 위험이라는 것이다. 그러나 이러한 국면에 직면했을 때 어떻게 대처하는가가 문

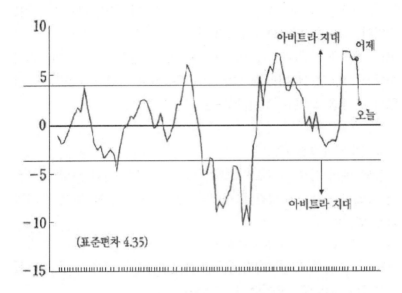

〈그림 5-5〉 환율(파운드/엔)과 국채에 의한 합성환율의 차

제이다. 한마디로 말하면 위험관리란 것으로서 이러한 재정거리에도 그런 인식이 필요하다는 것은 두말할 나위도 없다. 실무상으로는 손실처리의 시점을 설정하는 것이 적절하겠지만 구체적으로 어떻게 할 것인지 여러분이 판단하기로 하자. 힌트가 될는지는 모르나 실은 이 경우에서 t의 5일 후에 괴리는 -3.43이 되어 재정상태를 계속 보유함으로써 꽤 수익을 올릴 수 있었다.

5. 중회귀 모델의 문제점

이미 알아차렸을 분도 많으리라 생각되지만 이 모델을 사용하

는 데 있어 어느 정도의 데이터를 취할 것인지 또 매일 변동하는
시세, 즉 매일 새로운 데이터가 첨가될 때 회귀식 그 자체도 결정
계수로 변화하는 사실에 어떻게 대응해야 하는지 의문점이 생길
것이다.

　이러한 것에 대한 일률적인 답은 없다. 요는 실무 판단이 어떠
한 답을 준비하는가, 즉 실제로 조작하는 사람이 이 모델을 어떻

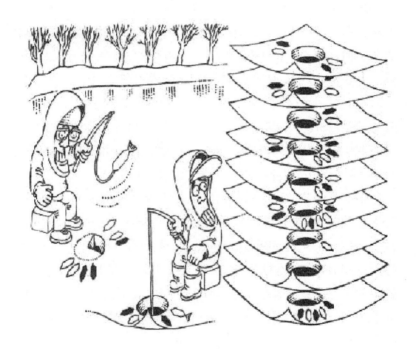

10년이 좋을까 3개월이 좋을까

게 사용하는가에 달려 있으므로 유감스럽지만 여기에서 하나의
답에 대한 예를 제시할 수 있을 뿐이다.

데이터를 취하는 기간에 대해서도 생각해 보자. 10년이 좋은지, 1년이 좋은지 또는 3개월 쪽이 타당한지, 걱정이 되는 문제이다. 마침 3년간의 데이터만 있으니 3년간으로 생각한다는 것은 설득력이 없다. 10년간의 데이터가 있으니 걱정 없다는 것도 문제가 되지 않는다.

재정거래로서 어느 정도의 기간으로 상태를 폐쇄할 것인지, 즉 이상한 괴리가 며칠간에서 통상의 수준으로 회복하는지에 대한 시간 폭을 생각하는 것도 하나의 기준이 될 수 있을 것이다. 보통 재정거래는 수일에서 1주일까지라는 기간으로 승부를 거는 것이다. 이 중회귀 재정 모델도 같은 식으로 생각해도 좋을 것이다.

그렇다면 너무 긴 기간의 데이터를 대상으로 하는 것은 역으로 단기 승부에서는 서투른 짓일 수도 있다. 왜냐하면 장기경향과 단기경향은 이질의 것이라고도 말할 수 있기 때문이다. 이것은 장기 시세관은 단기 시세관과 전혀 다른 것이기 때문이다.

따라서 이러한 재정 모델에는 오히려 수개월 정도의 데이터가 알맞은 것이 아닐까 하는 생각이 든다. 그러나 그것이 2개월이나 3개월 또는 6개월인지에 대한 의논은 굳이 하지 않기로 하자. 다음은 중회귀식 그 자체의 변화이다. 데이터의 기간을 6개월로 정했을 경우, 어느 시점에서 중회귀식을 구해도 다음날 새로운 데이터를 하나 더하고 낡은 데이터를 하나 빼는 것으로 중회귀식은 변할 것이고 결정계수도 달라질 것이다. 전날의 시점에서 상태를 조작했을 경우 다음날 회귀계수가 달라져 있으면 매매단위도 바뀌어야 하는 것이 이론에 맞는 방법이다. 이러한 사태에는 어떻게 대응하면 좋을까.

가장 중요한 것은 결정계수, 중상관계수의 관찰이다. 무엇인가 신호에 의해 조작을 한 날의 결정계수가 0.80이었다고 하자. 1주 정도의 재정승부에 있어, 가령 3일 후에 중회귀를 했을 때의 결정계수가 0.58까지 떨어졌다고 하자. 이것은 바로 이제까지 3일 간 나타내고 있던 상관관계가 붕괴되고 있다는 것을 나타내고 있다.

　이런 경우에 손익은 어찌 되든 상태를 즉각 폐쇄하는 것이 필요하다. 왜냐하면 중회귀식을 신용할 수 없게 되었다는 것을 뜻하고 있으므로 이미 재정거래로서는 아무것도 적절하게 보증할 수 없게 되었기 때문이다.

　한편, 결정계수나 중상관계수가 계속 높은 상태인 경우는 다소 새로운 중회귀식의 회귀계수가 다르다고 할지라도 크게 상태를 바꿀 정도의 것은 아닐 것이다. 따라서 상관을 나타내는 계수가 충분히 높을 때는 상태를 바꾸지 않지만 전 항에서 언급한 손실 처리에 대해서는 다른 차원에서 생각해 둘 필요가 있다.

　또 하나의 문제점을 지적해 두자. 데이터를 취하는 기간에 대한 논의와도 관계가 있는데, 예를 들어 6개월의 데이터를 대상으로 재정을 생각할 때는 실은 그 이전의 2개월 정도에서 시세 사정이 완전히 변하는 경우도 있으므로 이것을 어떻게 처리하는가가 큰 문제로 등장하게 된다. 이것에 대해서는 전 항의 (1)의 경우에서 언급한 것을 상기할 필요가 있다.

　앞의 (1)의 경우에는 조작을 하여 폐쇄한 다음에 시세의 동태 변화가 나타났으나 폐쇄 2주 후 같은 분석을 했을 때 결정계수가 결코 낮아지지 않았으므로 중회귀 모델을 좀 더 이용할 수 있다고 판단했다고 하자. 이 상태에서 실패했다면 이 손실을 어떻게 피하면 좋을까.

　한 가지 방법으로는 가령 6개월간의 데이터를 기초로 모델을 작성하는 것으로 결정해도 직근(直近)의 움직임을 점검하기 위해 그 이전의 2개월, 3개월 등의 데이터를 사용한 중회귀를 다짐하기 위해서 해 두고, 그러한 것을 판단재료로 이용하는 것도 생각해 볼 수 있다.

6개월 데이터만으로 중회귀 모델을 이용한다는 결론을 내리지 말고 그러한 것은 다른 데이터로 확인한다. 즉 충분하게 조건을 충족하는지를 관망하는 것이다. 이 동작을 하면 직근시세의 구조 변화 유무에 대해서 조사가 된 것으로 보고, 앞에서 언급한 것 같은 경우에 손실을 입는 것을 막을 수 있다고 여겨진다.

실제로 어느 시점에서 그러한 점검기능이 적절하게 작용하는지의 여부를 하나의 실례로 보기로 하자. 이번에는 일본 엔과 프랑스 프랑을 예로 들어 보자. 1990년 5월의 어느 시점에서 6개월 데이터는 다음과 같은 중회귀식을 유도했다.

$Y = -0.37 \times X_1 + 0.43 \times X_2 + 18.29$

$\quad$ Y: 환율(엔/프랑스 프랑)

$\quad$ X_1: 엔채선물시세

$\quad$ X_2: 프랑스 국채선물시세

$\quad$ R^2: 0.82(결정계수)

추정이나 검정 등의 작업을 거쳐 이 모델이 유효라는 결론을 얻었다. 다음에 직근 2개월의 데이터로 중회귀를 다시 했더니 결정계수는 떨어지고, 편회귀계수의 부호에 변화가 생겼다.

$Y = -0.40 \times X_1 - 0.17 \times X_2 + 82.53$ (R^2: 0.62)

이것을 보면 일본 엔, 프랑스 프랑의 6개월을 기초로 한 중회귀 모델은 사용하기 어렵다고 느낄 것이다. 따라서 이럴 경우에는 어떠한 재정기회가 보였다고 해도 군자는 위험에 접근하지 않는

것이다. 시세가 변했다고 해도 그대로 넘겨 보내는 것이 최선책이
라고 생각된다.

6장
다변량해석으로 시세에 도전한다

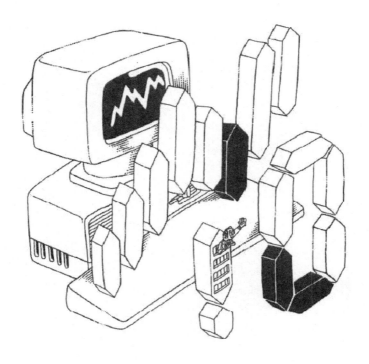

1. 복잡성에 도전하는 다변량해석

다변량해석이란 듣기만 해도 거부반응을 보이는 사람이 많을 수도 있다. 분명히 통계학 같은 것을 좋아하는 소수파(?)를 제외하면 별로 관계하고 싶지 않은 세계일 것이다. 또 피할 수만 있다면 굳이 그런 길을 갈 필요가 없다고 생각하는 사람도 많을 것이다. 그렇지만 앞 장에서 이미 중회귀 분석이라는 하나의 다변량해석의 세계에 한 발이 아니라 두 발이나 세 발도 내디딘 여러분에게 좀 더 참아달라고 부탁할 수밖에 없다.

몇 번이나 되풀이하지만 실무와 함께 살고 있는 인간에게 있어서 학문 그 자체는 목적도 아무것도 아니라 사용하면 좋은 도구라는 식으로 간단하게 생각하면 된다. 다변량해석도 생각하는 방법을 알고 그것을 어떻게 이용하는지의 개념만 안다면 귀찮은 계산은 컴퓨터에 맡기면 된다. 편견일지 모르나 컴퓨터는 정확하게만 다루면 중요한 일을 군소리 없이 해준다. 사람과는 달리 기분을 맞춰 줄 필요도 없다. 사람이 하는 일이란 무엇을 해야 할지 명확하게 지시하는 것뿐이다. 그러나 컴퓨터가 무엇을 할 수 있고 무엇을 할 수 없는지를 알지 못하면 아무것도 생겨나지 않는다는 것도 중대한 사실이다.

어쨌든 다변량해석에는 컴퓨터의 도움이 절대 필요하며 경우에 따라서는 판매하는 전문 소프트 등을 사용하지 않으면 실제의 모델을 이룩할 수 없는 경우도 있다. 그런 뜻에서는 약간 제약이 있지만, 이 정도로 컴퓨터가 가까워졌다는 것을 생각하면 이제까지 별로 시세에 이용되지 않았던 다변량해석이 시세거래의 접근방법으로 급속하게 부상할 가능성도 부정할 수 없다고 여겨진다.

다변량해석에 대해 간단히 설명하기로 하자. 이 해석법 중 중회귀 분석은 앞 장에서 매우 상세하게 설명했으므로 여기에서는 다른 분석방법에 대한 개략을 알아보자.

우선 판별 분석에 대해 간단히 설명할 필요가 있다. 이 해석법은 어떤 데이터를 갖는 샘플이 어느 집단에 속하는가를 선형관수나 마하라노비츠의 범(汎)거리라는 개념으로 판별하는 것이다. 예를 들어, 의학 분야에서 간경변 여부를 판단할 때 그 환자 혈액중 어떤 지수를 측정하여 간경변 그룹과 정상 그룹의 데이터 각각이 평균값 중 어느 쪽에 가까운지를 보고 증상을 판단하는 경우 등에 사용된다. 시세의 오르내림 판단에 있어 이 분석법을 사용할 수 있는지에 대해서는 나중에 검토해 보기로 한다.

회귀 분석, 판별 분석은 모두 요인으로 볼 수 있는 데이터가 양적으로 측정된다는 것을 전제로 하고 있다. 이 두 가지 분석법의 차이는 예측할 항목이 양적인가 아닌가에 있으며 양으로 나타낼 수 있는 경우에는 회귀 분석을, 그렇지 않은 경우에는 판별 분석을 사용하게 된다.

시세를 생각하는 데 있어서는 요인이 되는 데이터는 양적으로 제공하는 것이 보통이나 때로는 질적인 데이터에서 장래를 예측하는 접근방법도 생각할 수 있다. 이때 이용할 수 있는 것이 수량화 이론의 I류와 II류이다.

수량화 I류에서 예측할 항목은 정량적이고, 요인이 되는 항목은 정성적이며, 수량화 II류에서는 예측, 요인 모두에 정성적 데이터가 사용된다. 정리해 보면 정량적인 예측을 할 경우에 사용하는 것이 회귀 분석과 수량화 I류이다. 전자는 요인이 양적일 때 사용하고 후자는 요인이 질적인 경우에 사용한다. 그리고 정성적

(목적)	(설명 요인)	(방법)
정량 데이터 예측	양적 데이터 ··········	중회기 분석
	질적 데이터 ··········	수량화 I류
정성 데이터 예측	양적 데이터 ··········	판별 분석
	질적 데이터 ··········	수량화 II류

〈그림 6-1〉 예측에 적용되는 다변량해석

인 예측에 적합한 것이 판별 분석과 수량화 II류이며 전자는 요인이 양적, 후자는 요인이 질적인 식으로 분류된다.

질적 혹은 정성적이란 이미지를 여기서 구체적으로 생각해 보자. 예를 들어 수량화 I류에서는 대학 시절의 A, B, C, F 등의 정성적인 성적 데이터에서 평생 임금을 추측하는 것 같은 분석을 한다. 수량화 II류로는 여러 가지 성격에서 혈액형을 추측하는 것 같은 질—질형의 분석을 한다. 금융시장이라면 양적인 데이터의 이미지가 강하므로 수량화 이론은 이용하기 어렵다는 인상도 있다. 그러나 이용하기에 따라서는 재미있는 분석도 기대할 수 있다.

이상으로 다변량해석법 중에서 시세예측이나 판별에 유용하다고 여겨지는 중회귀 분석, 판별 분석, 수량화 이론 I류, II류의 네 가지 분석법을 극히 간단하게 설명했다. 이 밖에도 전략으로 이용할 만한 방법은 많다.

직접 매매방법과는 관계되지 않으나 다양한 투자대상 중에서 비슷한 것을 구별하여 그룹화하거나 자신이 보유하는 포트폴리오 중에서 비교적 내용이 좋은 것이나 나쁜 것을 집단화하여 포트폴

예측항목	양	질	양	질
요인항목	양	양	질	질
해석법	회귀 분석	판별 분석	수량화 I류	수량화 II류

** 클러스터 분석: 비슷한 것을 총괄한다.

** 주성분 분석: 종합적 지표를 구한다.

** 인자 분석: 잠재적 인자를 구한다.

** 수량화 II류, IV류: 분류, 특성, 위치 관계를 본다.

〈표 6-1〉 다변량해석법

리오 개선에 이용할 수 있는 클러스터 분석, 다양한 요인 사이에 잠재적으로 존재하는 상관관계를 찾아내는 인자 분석, 여러 가지 요인이 얽힌 문제에 대해 종합적인 판단을 내리는, 예를 들면 개별적인 보유종목에 대해 다각적인 평가재료를 설정하여 종합득점을 산출하고 등급을 정하는 것 같은 분석에 사용할 수 있는 주성분 분석, 나아가서 수량화 이론 중에서 예측해야 할 외적 기준이 없는 경우에 사용하는 수량화 III류, IV류 같은 여러 가지 분석법이 있다.

어떠한 분석을 하기 원하는가에 따라 어느 분석방법을 사용하는 것이 좋은지가 정해지는 한편, 특정 분석법으로 자신이 운용할 때는 어떤 분석을 할 것인지를 생각할 수도 있다.

다양한 데이터에 둘러싸인 금융시장에서의 통계적 방법은 매우 폭넓은 이용가치가 있다고 여겨진다.

2. 어느 쪽에 가까운가를 분석하는 판별 분석

판별 분석이란 문자 그대로 무엇을 어느 척도로 판별할 것인가 하는 데이터 분석의 방법이다. 이것을 시세에 응용하기에 앞서 약간 이 분석의 목적, 방법 그리고 오판에 따른 인식 등에 대해 살펴보기로 하자.

이 분석법은 어떤 표본이 2개의 그룹 중 어느 쪽에 속하는지를 판별할 때 사용한다. 변화량을 여러 개 골라서 표본의 데이터와 2개의 그룹 각각의 데이터를 비교하여 표본의 어느 쪽에 가까운지를 분석하는 것이다.

이미 설명한 대로 환자의 병명을 판단하는 경우나, 고고학에서 발견된 화석이나 생물의 뼈 등을 통해 생존 시기가 어느 시기를 경계로 하여 그 전 또는 후인지를 조사하거나, 진기한 곤충을 채집하여 그것이 딱정벌레 종류인지 풍뎅이 종류인지를 판정하는 등의 경우는 판별 분석이 유효하게 활용된다.

또한 시세의 세계에 적합한 사람인지 그렇지 않은지 등의 판단을 내릴 필요가 있을 경우 등, 각인각색의 성격적, 육체적 데이터를 정량화한 다음에 판별 분석을 해 볼 수도 있을 것이다.

이 장에서는 이 판별 분석을 사용하여 거래할 때 판단 재료를 도출할 수 없을까 하는 것을 주제로 이야기를 진행하기로 한다.

판별 분석에는 선형 판별함수를 사용하는 방법과 '마하라노비츠의 범거리'라는 개념을 적용하는 방법이 있다. 전자는 2개의 그룹 사이에 한 줄을 그어 그것을 기준으로 하여 문제로 하고 있는 표본이 어느 쪽에 귀속되는가를 본다. 후자는 보통 흔하게 사용하는 평면의 거리가 아니라 별도의 측정법을 이용하여 표본과 2개의

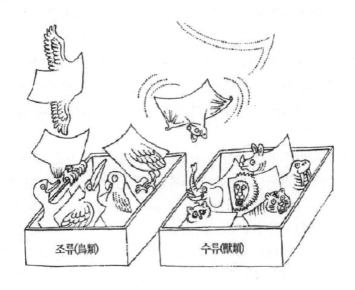

조류(鳥類)　　　　수류(獸類)

어느 쪽에 속하나

그룹 중심부터의 길이를 측정하여 어느 쪽 집단에 속하는가를 판별한다.

판별함수가 1차인 경우는 선형판별, 2차인 경우는 마하라노비츠의 범거리라는 식으로 생각하면 좋다. 상세한 것은 다음에서 설명하겠지만 마하라노비츠의 범거리에 의한 판별 분석에서도 각 그룹의 데이터 분산이 같다고 생각되는 경우에 그 판별함수는 1차의 선형판별함수가 된다.

여기에서는 마하라노비츠의 범거리를 적용한 접근방법을 검토해 보자.

이미지상으로는 지도의 등고선을 상기하면 좋다. 산정에 도달하기 위해서는 A, B의 2개의 출발점이 있을 경우, 어느 쪽이 산정

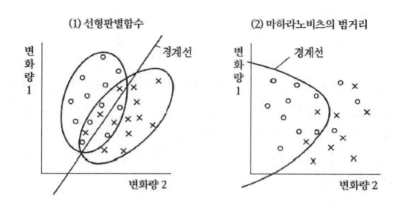

〈그림 6-2〉 판별 분석에서의 판별법

에 도달하는 거리가 가까운지를 판단할 때 지도를 보고 직선거리
를 측정하여 비교하는 사람은 없을 것이다.

이때는 등고선의 간격이나 수를 보면서 A, B 중 어느 쪽이 산
정에 가까운지를 판단하는 것이 보통방법이다. 이 등고선을 등확
률선으로 바꿔 놓으면 그 거리의 측정법이 마하라노비츠의 범거
리 측정법의 이미지와 같다.

우선 변화량은 하나만으로, 즉 1종류의 데이터만을 사용하여
판별 분석을 하는 경우를 상정해 보자. 내일의 시세가 오를 것인
지 떨어질 것인지를 판단할 때 오늘의 값 움직임 중에서 무엇인
가를, 예를 들어 '높은 값과 낮은 값을 합해서 2로 나눈 것과 종
가의 차' 같은 정량적 데이터를 선택해 보는 것이다.

마하라노비츠의 범거리 D_A는 다음과 같이 정의된다.

$D_A{}^2 = (x-\mu_A)^2/\sigma_A{}^2$ $(D_A = |x-\mu_A|/\sigma_A)$

D_A: 표본과 그룹 A의 마하라노비츠 범거리

x: 표본의 데이터

μ_A: 그룹 A의 데이터 평균값

$\sigma_A{}^2$: 그룹 A의 데이터 분산

 2변화량 이상으로 확장하는 경우의 마하라노비츠의 범거리에 대해서는 좀 복잡해지지만 실제의 분석을 하는 데 있어서는 필수적인 것이 되므로 부론으로서 정리해 두기로 한다.

 1변화량을 대상으로 표본이 어느 쪽 그룹에 속하는지는 다음과 같이 판단한다.

$$\begin{cases} D_A < D_B : & \text{표본은 그룹 A에 속한다.} \\ D_A > D_B : & \text{표본은 그룹 B에 속한다.} \end{cases}$$

 즉 표본과 A, B 각각의 그룹과의 거리를 마하라노비츠의 범거리라는 척도로 측정하고 어느 쪽의 그룹에 가까운지를 판정하는 것이다.

 그런데 그룹 A, B 각각의 데이터의 분산이 같다고 여겨지면 평균값 μ_A, μ_B에 대해 $\mu_A < \mu_B$로 하면,

$$\begin{cases} D_A < D_B \rightarrow x < \bar{\mu} \\ D_A > D_B \rightarrow x > \bar{\mu} \end{cases}$$

$$(\bar{\mu} = \frac{1}{2}(\mu_A + \mu_B))$$

가 된다.

 즉 그룹 A의 평균보다 B의 평균이 클 때 표본의 데이터값이 전체의 평균값보다 작을 때는 그룹 A에, 클 때는 그룹 B에 속한다고 생각한다.

 단, 쌍방 그룹의 분산이 같은지의 여부를 판단하기 위해서는 등

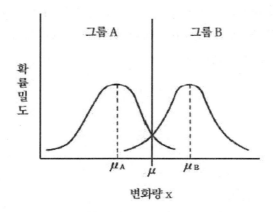

<그림 6-3> 1변화량의 경우의 판별(각 집단의 분산이 같은 경우)

분산성의 검정이 필요하다. 가설 $\sigma_A^2=\sigma_B^2$의 검정에는 통계량 $F=\sigma_A^2/\sigma_B^2$가 자유도(N_A-1, N_B-1)의 F분포에 따르는 것을 이용하여 적당한 유의수준 하에서 $\sigma_A^2=\sigma_B^2$의 가설이 기각되는지의 여부를 보면 된다. 의당 $\sigma_A^2=\sigma_B^2$가 기각되면 그 대립가설 $\sigma_A^2\neq\sigma_B^2$, 즉 양자의 분산은 같지 않다는 설을 따르게 된다.

이 검정에서 $\sigma_A^2=\sigma_B^2$가 채택되면 상술한 것처럼 표본 데이터값과 전체의 평균값을 비교하는 것만으로 판별이 가능하다.

단, 이 판별에서 표본이 그룹 A에 속하는 데도 불구하고 그룹 B의 샘플로 착각하는 오판별, 또는 그룹 B에 속하는 데도 불구하고 그룹 A의 샘플로 오판할 가능성이 있다. 간편법으로는 이 확률, 즉 오판별률로서 샘플 중에서 각각 오판별된 개수를 적출하여 그룹별의 샘플 수로 나눈 것을 사용한다.

그룹 A와 B의 확률분포가 함께 정규분포라고 가정할 수 있다면 다음과 같이 생각해도 좋다.

통계량 Z=(x-μ)/σ는 평균 0, 표준편차 1의 정규분포에 따르므로 A인데도 B라고 판별하는 오판별률을 P_1, B인데도 A로 하는 오판별률을 P_2로 하면,

$$\begin{cases} P_1 = P_r \left\{ Z = \dfrac{x - \mu_1}{\sigma} > \dfrac{\overline{\mu} - \mu_1}{\sigma} \mu \right\} \\[2mm] P_r = P_2 \left\{ Z = \dfrac{x - \mu_2}{\sigma} < \dfrac{\overline{\mu} - \mu_2}{\sigma} \right\} \end{cases}$$

$$(단, \; \sigma_A{}^2 = \sigma_B{}^2 = \sigma^2)$$

로 생각하면 된다.

이상은 $\sigma_A{}^2 = \sigma_B{}^2$로 생각할 수 있는 경우이다. 가설의 검정에서 $\sigma_A{}^2 = \sigma_B{}^2$가 기각되어 $\sigma_A{}^2 \neq \sigma_B{}^2$라고 생각되는 경우는 다음과 같은 절차로 검토한다.

$D_A{}^2 = D_B{}^2$가 되는 경계점 α를 구하고 이것을 기준으로 표본 x의 데이터가 α보다 큰지 작은지를 보고 그룹 판별을 한다.

$D_A{}^2 = D_B{}^2$에서

$(\alpha - \mu_A)^2 / \sigma_A{}^2 = (\alpha - \mu_B)^2 / \sigma_B{}^2$

D_A와 D_B는 부호가 역으로 되므로, |DA|=|DB|가 되는 α를 구하려면

$(\alpha - \mu_A) / \sigma_A = (\mu_B - \alpha) / \sigma_B$

로 생각하면 된다. 이것으로,

$\alpha = (\mu_A \times \sigma_B + \mu_B \times \sigma_A) / (\sigma_A + \sigma_B)$가 된다.

따라서

$$\begin{cases} x < \alpha : 표본은 그룹 A에 속한다. \\ x > \alpha : 표본은 그룹 B에 속한다. \end{cases}$$

라고 생각한다.

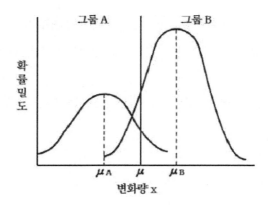

〈그림 6-4〉 1변화량의 경우의 판별(각 집단의 분산이 같지 않은 경우)

또한 이 경우의 오판별률을 구하는 방법은 간편법으로는 $\sigma_A^2=\sigma_B^2$의 경우와 같으나 그룹 A, B의 확률분포가 정규분포로 가정할 수 있는 것이라면 A인데 B로 하는 오판별률을 P_1, B인데 A로 하는 오판별률을 P_2로 하면,

$$\begin{cases} P_1 = P_r \{Z = \dfrac{x-\mu_A}{\sigma_A} > \dfrac{a-\mu_A}{\sigma_A}\} \\[2mm] P_2 = P_r \{Z = \dfrac{x-\mu_B}{\sigma_B} > \dfrac{a-\mu_B}{\sigma_B}\} \end{cases}$$

로 생각해도 된다.

꽤 긴 1변화량의 경우에 대한 판별 분석 방법을 설명했다. 2변화량 이상의 경우도 같은 방법을 연장하면 된다.

부론

마하라노비츠의 범거리에 대하여
(MAHALANOBIS' GENERALIZED DISTANCE)

일반적으로 마하라노비츠의 범거리(D_n)는 다음과 같이 나타낸다.

$D_n{}^2 \equiv (x-\mu_n)', \Sigma^{-1}(x-\mu_n)$

$x=(x_1, \ x_2 \ \cdots, \ x_h)'$

$\mu_n=(\mu_{n1}, \ \mu_{n2} \cdots, \ \mu_{nh})'$

$\Sigma : x_1, \ x_2, \ \cdots, \ x_h$의 분산 공분산행렬($\Sigma^{-1}$은 Σ의 역행렬)

2변화량의 데이터의 경우는 h=2이므로

$$D_n{}^2=(x_1-\mu_{n1}, \ x_2-\mu_{n2}) \begin{pmatrix} \sigma_1{}^2 & \sigma_{12} \\ \sigma_{12} & \sigma_2{}^2 \end{pmatrix}^{-1} \begin{pmatrix} x_1 - \mu_{n1} \\ x_2 - \mu_{n2} \end{pmatrix}$$

로 쓸 수 있다.

오판별률을 구하는 방법은 그룹 A, B 각각의 분산 공분산행렬이 같은 경우는 1변화량의 경우의 $\sigma_A{}^2=\sigma_B{}^2$와 같이 생각해도 좋지만 분산 공분산행렬이 같지 않을 때는 간편법을 사용하게 된다.

또한 각 그룹의 분산 공분산행렬이 같은지의 여부는 다음과 같이 검정한다.

2변화량의 경우는 각각의 분산 공분산행렬을 Σ_A, Σ_B로 하고 n개의 데이터 중 A, B 각 그룹에 속하는 샘플수를 n_a, n_b로 하여

$$V=|\sum{}_A|^{\frac{n_a}{2}} \cdot |\sum{}_B|^{\frac{n_b}{2}} / |\hat{\sum}|^{\frac{n}{2}} \quad (n=n_a+n_b)$$

단

$$\overset{\wedge}{\sum} = \frac{1}{n-2}\left\{(n_a-1) \cdot \sum{}_A + (n_b-1) \cdot \sum{}_B\right\}$$

로 했을 때

$X_V^2 = -2\log_e V$

가 자유도 2(2+1)/2=3의 괴리제곱분포에 따른다고 생각되는 것을 적용하면 된다.

이것은 2변화량의 경우만이 아니라 k변화량의 경우에도 적용된다. 이 경우는 상기의 통계량 V가 자유도 h(h+1)/2의 괴리제곱분포에 따르는 것을 적용하여 적절한 유의수준에서 귀무가설(歸無假說) $\sum_A = \sum_B$ 가 기각되는지의 여부를 보면 된다.

3. 시세의 오르내림을 어떻게 판별하는가

판별 분석을 적용하여 내일의 시세가 오늘보다도 오를 건지 떨어질 것인지를 판별할 수 있는 모델이 고려될 수 있는지 여부를 검토해 보자.

데이터로는 3장과 4장에서 사용한 시카고의 미국채선물 (T-BOND FUTURES)를 이용한다. 과거의 폐쇄에서 어느 날의 폐쇄를 P_t로 하고, $P_{t+1} - P_t$가 플러스인지 마이너스인지를 판별의 대상으로 한다. 채용할 변화량으로서 제1변화량을 그날의 종가와 하루 전날의 종가와의 차, 즉 $P_t - P_{t-1}$, 제2변화량은 그날의 종가와 이틀 전날의 종가와의 차, 즉 $P_t - P_{t-2}$로 한다.

즉 오늘과 어제, 오늘과 2일 전의 가격 위치 관계가 현재보다

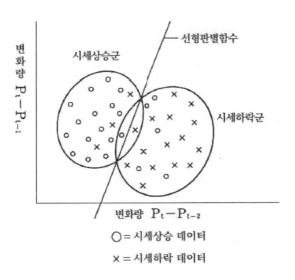

〈그림 6-5〉 익일 시세의 상하 판별

(1) 시세 상승 그룹 132		
	변화량 1	변화량 2
평균	-0.08520	-0.04850
표준편차	0.60400	0.76880
분산	0.36480	0.59100
공분산	0.4415	
상관계수	0.95080	

(2) 시세 하락 그룹 114		
	변화량 1	변화량 2
평균	0.05540	0.07210
표준편차	0.72770	0.92510
분산	0.52960	0.85570
공분산	0.6604	
상관계수	0.98100	

〈표 6-2〉 미국채선물, 변화량 1, 2의 각 그룹의 통계량

내일의 가격이 높은 위치에 있는지 낮은 수준에 있는지에 영향을 미치는지, 즉 그것을 언급할 수 있는 재료가 될 수 있는지 없는지를 알아보자는 것이다.

이것을 2변화량의 마하라노비츠의 범거리에 의한 판별 분석으로 생각하자. 내일이 당일비 플러스가 되는 그룹과 마이너스가 되는 그룹을 1년간의 데이터에서 적출하여 어느 날의 마감값에서 다음날의 마감값이 그것보다 높아질 것인지 낮아질 것인지를 추측해 보자는 것이다.

방법에 대해 약간 복습해 보기로 하자. 이 경우에는 2변화량의 경우의 마하라노비츠의 범거리 측정을 하게 되는데, 우선 2개 그룹의 각 변화량에 대해서 분산 공분산행렬이 같은지를 검정한다. 그다음에 마하라노비츠의 범거리 D_A, D_B를 그 정의에 따라 구하게 되는데 실제로는 $D_A^2 - D_B^2 = 0$이 되는 판별함수 $f(x_1, x_2)$를 도출하여 이것을 경계선으로 생각한다.

주어진 데이터 x_1, x_2를 그 함수에 대입하여 $f(x_1, x_2) > 0$, 즉 $D_A^2 > D_B^2$가 되면 그 샘플은 B그룹으로, $D_A^2 < D_B^2$이면 A그룹에 속하는 것으로 판별한다.

오판별의 확률에 대해서는 간편법으로서 실제로 잘못 판별된 경우를 적출하여 샘플 수로 나누든지, 각 그룹의 확률분포가 정규분포라고 가정하여 정규분포 표에서 구하든지 하면 된다.

엄밀하게는 판별함수의 계수에 대한 검정도 할 필요가 있지만 여기서는 생략한다.

1989년의 데이터에서 우선 다음 날의 시세가 상승하는 그룹을 A군, 하락하는 그룹을 B군으로 한다. A군, B군의 제1변화량 x_1과 제2변화량 x_2의 평균값, 분산, 표준편차, 공분산, 상관계수를 산출한다.

이것으로 분산 공분산행렬이 같은지의 여부를 $\Sigma_A = \Sigma_B$를 귀무가설로 하여 검정한다. 앞의 부론에서 설명했듯이 통계량 V가 자유도의 괴리제곱분포에 따르는 것을 이용하여 유의수준 5%에서 검정을 하기로 하자.

$$\Sigma_A = \begin{pmatrix} 0.3648 & 0.4415 \\ 0.4415 & 0.5910 \end{pmatrix}$$

$$\Sigma_B = \begin{pmatrix} 0.5296 & 0.6604 \\ 0.6604 & 0.8557 \end{pmatrix}$$

이상에서 V=0.5647이 되고 $x_V^2 = 2\log eV = 1.1430$으로 산출되어 괴리제곱분포 표에서 자유도 3, 유의수준 5%의 한계값을 보면 7.81이므로 가설 $\Sigma_A = \Sigma_B$는 기각되지 않는다.

여기서 각 그룹의 분산, 공분산, 상관계수가 같다고 생각하는데 따라 $D_A^2 - D_B^2$가 상당히 간소화된다. $\Sigma_A \neq \Sigma_B$이면 D_A^2, D_B^2는 x_1, x_2의 2차함수가 되고 $\Sigma_A = \Sigma_B$일 때는 1차식이 된다.

이 경우에는

$D_A^2 - D_B^2 = -1.7374x_1 + 1.1528x_2 - 0.0395$로 계산된다.

오판별률은 간편법에서는 38% 정도 산출되고, 정규분포의 가정하에서는 약 44%로 산출되었다. 즉 내일 시세가 오를 것일까 떨어질 것일까 하는 판단에 대해 1일 전과 2일 전의 가격과 당일의 가격이라는 정보만으로 판별 분석을 한 결과 거의 56~62%의 확률로 그것을 판별할 수 있다는 것이 판명되었다.

그렇게 훌륭한 적중률이라고는 할 수 없으나 이 모델과 자신의 의견이 일치했을 경우, 실제로 상태를 조성해 보면서 그 유효성을 탐색하는 것도 흥미로울 것이다.

또한 변화량을 여러 가지로 변화시켜 보면 의외로 오판별률이 낮은 모델이 될 수도 있을 것이다. 시장에 따라서 가격의 움직임에 특유의 버릇이 있으므로 여러 가지 변화량을 부여하여 분석해 보면 뜻밖의 발견을 할 때도 있다.

4. '질'에서 '양'을 예측한다

판별 분석이나 중회귀 분석과 같이 수량화 이론 Ⅱ류도 무엇인가 예측할 때 자주 사용하는 분석법이다.

이름 그대로 어떤 정성적인 데이터를 정량적인 표현으로 변환하여 예측식을 작성하려는 것이며, 수량화 이론 Ⅰ류는 앞에서 말했듯이 설명변수가 질적 데이터에 부여되었을 때 양적인 목적변수를 추측할 때 사용한다.

금융시장에서의 데이터라면 거의 숫자로 나타낸 것이기 때문에 질적인 데이터 혹은 정성적인 데이터라는 이미지는 이해하기 어려울 수도 있다. 그러나 판별 분석 시에 시세의 오르내림을 정성적인 데이터로서 생각한 것과 동일한 발상을 적용하면 수량화 이

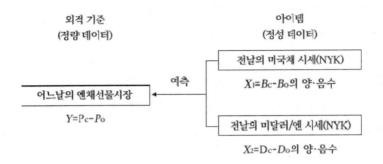

외적 기준
(정량 데이터)

아이템
(정성 데이터)

전날의 미국채 시세(NYK)

$X_1 = B_c - B_o$의 양·음수

여측

어느날의 엔채선물시장

$Y = P_c - P_o$

전날의 미달러/엔 시세(NYK)

$X_2 = D_c - D_o$의 양·음수

〈그림 6-6〉 수량화 Ⅰ류에 의한 모델

론도 적절하게 사용할 수가 있을 것이다.

오히려 너무 단편적인 정량 데이터보다는 어느 정도 모호성이 있는 정성 데이터 쪽이 시세를 분석할 때는 적합한 경우도 있을 수 있다.

최근에 유행하는 퍼지 이론을 시세거래에 적용하는 것도 발상이 그런 연장선상에 있다고 봐야 할 것이다.

수량화 이론 Ⅰ류에서는 결과적으로는 중회귀 분석과 같은 작업을 하게 되며 추리통계 모델로서 상관계수의 점검 외에 추정, 검정을 통해 그 유의성을 측정하는 것이 가능하게 된다.

간단한 예로 수량화 이론 Ⅰ류를 개략적으로 설명하기로 하자.

일본 국채선물시장의 당일의 값 움직임은 전일의 미국채시장과 환시장의 동향에 어느 정도 좌우되는 것으로 보인다. 일본 국채선물의 최초 입회값과 인수값의 차, 즉 당일에 어느 정도 값이 움직였는지를 외적 기준으로서 전일의 미국채시장의 오르내림과 환시장의 오르내림을 정성적인 아이템으로 생각하고 모델을 작성해 본다.

외적 기준	아이템			
일본국채 가격변동	미국채		환	
	플러스	마이너스	플러스	마이너스
0.04		○	○	
-0.07	○			○
0.20	○			○
0.13		○	○	
0.09		○	○	
0.15	○		○	
-0.07		○		○
-0.45		○		○
0.18		○	○	
0.28		○	○	
-0.40		○	○	
0.16	○		○	
0.20	○			○
-0.10	○		○	

〈표 6-3〉 엔채선물의 값 움직임

표본을 적당히 추출하여 〈표 6-3〉과 같이 되었다고 하자.

이것으로 정성적인 아이템을 다미변수와 카테고리 스코어라는 2개의 수적 표현의 도움을 받아 1차식에서 외적 기준에 대한 함수를 작성하는 것이다.

우선 다미변수는 어떤 아이템, 예를 들면 미국채시장에서 카테고리가 플러스일 때는 1, 마이너스일 때는 0이라는 값을 취하는 변수이다. 일반화하면 다미변수 x_{ij}는

$$\begin{cases} x_{ij} = 1 & \cdots\cdots \text{ 아이템 } i \text{가 카테고리 } j \text{의 경우} \\ \quad 0 & \cdots\cdots \text{ 그렇지 않은 경우} \end{cases}$$

같이 적을 수 있다.

또한 카테고리 스코어는 다미변수의 계수로서 a_{ij}로 나타내면 외적 기준 y에 대해

$y=a_{11}x_{11}+a_{12}x_{12}+a_{21}x_{21}+a_{22}x_{22}$

로 나타낼 수 있다. 일본 국채를 예로 들면 다미변수는 미국채가 상승할 때는 $x_{11}=1$, $x_{12}=0$, 환시장에서 달러가 상승할 때는 $x_{21}=1$, $x_{22}=0$같이 생각되고 쌍방이 상승했을 때의 1차식은

$y=a_{11}+a_{12}$

가 된다.

수량화 이론 I류의 요점은 카테고리 스코어 a_{ij}를 어떻게 정하는가에 있다. 중회귀 분석에서 하는 것과 같이 최소제곱법을 적용하여 외적 기준과 이론값의 차의 제곱합을 최소로 할 수 있는 a_{ij}를 구하는 것이 보통이다.

그러나 실제로 계산하는 데는 행렬계산을 하는 쪽이 퍼스널 컴퓨터로 처리할 수 있으므로 간단할 것이다.

주어진 데이터에서 다음과 같은 카테고리를 얻을 수 있다.

$a_{11}=0.1583$

$a_{12}=0.0092$

$a_{21}=0$

$a_{22}=-0.1367$

그러나 위의 것은 일률적인 풀이가 아니고 편의적으로 $a_{21}=0$으로 했을 때의 풀이이다. 이것은 다미변수의 정의상의 제약에 의한다.

이상으로

$y=0.1583x_{11}+0.0092x_{12}-0.1367x_{22}$

라는 1차식을 얻었다.

다음에 카테고리 스코어를 각 아이템 내에서 평균이 0이 되도록 기준화해 보면,

$a_{11}=0.0852$

$a_{12}=-0.0639$

$a_{21}=0.0488$

$a_{22}=-0.0879$

또한 외적 기준의 평균은 0.243이므로

$y=0.0243+0.0852x_{11}-0.0639x_{12}+0.0488x_{21}-0.0879x_{22}$

가 된다.

이 예측식과 실제의 외적 기준을 비교하여 어느 정도 맞는다고 생각되면 영향도라는 점에서 어느 아이템의 비중이 높아질 것인지를 해득할 수 있다.

물론 중회귀 분석과 같이 중상관계수를 산출하여 다시 선형 추정, F검정을 적용하여 엄밀히 모델로서의 점검을 할 수도 있다.

그런데 〈표 6-4〉를 보면 알 수 있듯이 이론값과 외적 기준과는 약간 차감 차가 큰 곳이 관찰되는데 이 모델을 실제로 적용할 때는 이론값이 플러스일 때는 매수부터 시작하고, 마이너스일 때는 매도부터 시작하여 당일 중에 상태를 폐쇄하면 된다. 가령 이론값이 0.01이고 매수부터 시작했다고 해도 실제로 시세가 0.13 상승하면 그것이 수익으로서 기대된다고 생각해도 좋을 것이다.

이렇게 보면 종속변수에 해당하는 외적 기준도 양적 데이터가 아니라 질적 데이터로서 시세의 오르내림이라는 생각으로 받아들

외적 기준	이론치	차감 차	기대수익
0.04	0.01	0.03	0.04
-0.07	0.02	-0.09	-0.07
0.20	0.02	0.18	0.20
0.13	0.01	0.12	0.13
0.09	0.01	0.08	0.09
0.15	0.16	-0.01	0.15
-0.07	-0.13	0.06	-0.07
-0.45	-0.13	-0.32	-0.45
0.18	0.01	0.17	0.18
0.28	0.01	0.27	0.28
-0.40	0.01	-0.41	-0.40
0.16	0.16	0.00	0.16
0.20	0.02	0.18	0.20
-0.10	0.16	-0.26	-0.10
합계		0.00	0.34

〈표 6-4〉 수량화 Ⅰ류에 의한 엔채선물 분석

여도 좋지 않을까. 즉 모두 정성적인 데이터로 시세를 분석해도
무방하지 않을까 하는 생각이 든다.

이러한 경우에는 수량화 이론 Ⅱ류라는 분석법을 적용하게 된다.

부론

수량화 Ⅰ류에서 a_{ij}를 구하는 방법

Q=Σ(외적 기준-이론값)^2
으로 하고

이 Q가 최소가 되는 a_{ij}를 구하면 된다. 즉 최소제곱법이다. 따라서 Q의 최솟값을 부여할 만한 a_{ij}는

$$\partial Q/\partial a_{ij} = 0 \qquad Q = \sum_t (y_t - \sum\sum a_{ij} \cdot x_{ij})^2$$

을 충족해야만 한다. 아이템이 i개, 카테고리 수가 j개 있을 때, 이것은 i+j개의 연립방정식을 푸는 일이 된다.

단, 다미변수의 사이는 항상

$$\sum_{j=1}^{n} x_{ij} = 1$$

이 성립되어 있으므로 그 연립방정식은 일의적인 풀이가 존재하지 않는다. 따라서 가령

$a_{21}=0$

와 하나의 카테고리 변수를 0으로 하고 연립방정식을 푼다.

이것을 퍼스널 컴퓨터로 계산하기 위해 행렬계산으로 바 보자 (간단히 하기 위해 i, j의 모두 2까지로 한다).

우선

$$D= \quad a_{11} \ a_{12} \ a_{21} \ a_{22}$$

$$\begin{bmatrix} y_1 & x_{11} & x_{12} & x_{21} & x_{22} \\ y_2 & x_{11}^2 & x_{12}^2 & x_{21}^2 & x_{22}^2 \\ \vdots & \vdots & \vdots & \vdots & \vdots \\ y_n & x_{11}^n & x_{12}^n & x_{21}^n & x_{22}^n \end{bmatrix}$$

n: 샘플 수

로 하고 D의 행과 열을 바꾸어 외적 기준을 제외한 행렬을

$$M=\begin{bmatrix} x_{11}^1 & x_{11}^2 & \cdots & x_{11}^n \\ x_{12}^1 & x_{12}^2 & \cdots & x_{12}^n \\ x_{21}^1 & x_{21}^2 & \cdots & x_{21}^n \\ x_{22}^1 & x_{22}^2 & \cdots & x_{22}^n \end{bmatrix}$$

로 한다.

M과 D의 곱을 B로 나타내면

$$B=M \cdot D= \quad a_{11} \ a_{12} \ a_{21} \ a_{22}$$

$$\begin{bmatrix} \alpha_{11} & \beta_{11} & \beta_{12} & \beta_{13} & \beta_{14} \\ \vdots & \vdots & \vdots & \vdots & \vdots \\ \vdots & \vdots & \vdots & \vdots & \vdots \\ \alpha_{41} & \beta_{41} & \beta_{42} & \beta_{43} & \beta_{44} \end{bmatrix} \begin{matrix} a_{11} \\ a_{12} \\ a_{21} \\ a_{22} \end{matrix}$$

라는 행렬을 얻는다. 여기서 α, β는 최소제곱법에서 구하는 연립 방정식의 계수와 같다.

그러므로 B에서 a_{ij}를 구하기 위해서는 B 중의 α와 β를 분해하여 각각

$$C=\begin{bmatrix} \alpha_{11} \\ \vdots \\ \alpha_{41} \end{bmatrix} \quad E=\begin{bmatrix} \beta_{11} & \cdots & \beta_{14} \\ \vdots & & \vdots \\ \beta_{41} & \cdots & \beta_{44} \end{bmatrix}$$

를 정의하면 a_{ij}의 풀이는 $C^{-1} \cdot E$(C^{-1}은 C의 역행렬)로 구할 수 있다.

단, 앞에서 말한 것처럼 이 방정식을 풀기 위해서는 $a_{21}=0$으로

한 것을 상기하면 실제로는 B와 C에서 a_{21}에 관련되는 행과 열을 제외하고 계산하는 셈이 된다($|C|=0$이므로 원래는 C^{-1}은 존재하지 않는다).

5. '질'에서 '질'을 어떻게 예측하나

양적인 데이터에서 질적인 판단을 할 때 판별 분석을 적용하는 것은 이미 설명한 대로다. 질적인 데이터에서 질적인 판단을 하는 수량화 이론 II류도 생각하는 방법은 판별 분석과 같다.

전 항에서 수량화 I류에 의한 질적 데이터에서 양적 데이터의 예측을 설명했으나 같은 역사적 데이터를 사용하여 이번에는 질적인 판단을 하는 모델을 수량화 II류를 이용하여 생각해 보도록 하자.

외적 기준			아이템			
일본국채 가격변동	플러스	마이너스	미국채		환	
			플러스	마이너스	플러스	마이너스
0.04	O			O	O	
−0.07		O	O			O
0.20	O		O			O
0.13	O			O	O	
0.09	O			O	O	
0.15	O		O		O	
−0.07		O		O		O
−0.45		O		O		O
0.18	O			O	O	
0.28	O			O	O	
−0.40		O		O	O	
0.16	O		O		O	
0.20	O		O			O
−0.10		O	O		O	

〈표 6-5〉 엔채선물의 값 움직임

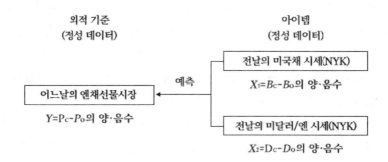

〈그림 6-7〉 수량화 II류에 의한 모델

외적 기준	미국채		환		y	평균
오름	0	1	1	0	−0.1950	−0.1326
	1	0	0	1	0.4172	
	0	1	1	0	−0.1950	
	0	1	1	0	−0.1950	
	1	0	1	0	−0.5263	
	0	1	1	0	−0.1950	
	0	1	1	0	−0.1950	
	1	0	1	0	−0.5263	
	1	0	0	1	0.4172	
합계	4	5	7	2		
내림	1	0	.0	1	0.4172	0.2386
	0	1	0	1	0.7485	
	0	1	0	1	0.7485	
	0	1	1	0	−0.1950	
	1	0	1	0	−0.5263	
합계	2	3	2	3		
총계	6	8	9	5		

〈표 6-6〉 수량화 II류에 의한 분석

전항에서는 1일 전의 미국 시장에서의 채권, 환시장의 오르내림이라는 요인이 어떻게 다음 날 일본 채권시장의 값 움직임을 형성하는지를 단순한 모델로 생각했다. 다만 여기에서는 미국채와 환 오르내림의 2개의 요인이 일본 채권시세의 오르내림에 어떻게 영향을 주는가라는 정성→정성형의 예측을 한다.

그 전에 간단히 수량화 II류의 분석법에 대해서 언급하자.

각각의 아이템에 대해 다미변수 x_{ij}를 설정하고 카테고리 스코어 a_{ij}에 의해

$$y=a_{11}x_{11}+a_{12}x_{12}+a_{21}x_{21}+a_{22}x_{22}$$

라는 함수를 작성하는 것은 수량화 이론 I류와 같으나 II류의 분석에서는 이것을 판별식이라 생각한다.

예측할 정성적인 외적 기준이 그룹 A, 그룹 B로 구분되어 있을 때, 각각의 그룹에 대해서 y의 평균값을 구해 놓고 문제가 되는 표본 데이터의 y값이 어느 쪽에 가까운가에 따라 그룹 A에 속하는지 그룹 B에 속하는지를 판별하는 것이다.

그러면 a_{ij}를 어떻게 정하는가가 문제인데 일반적으로는 2개 그룹의 분리를 가능한 한 좋게 하기 위해 전체의 변동 속에서의 그룹 간의 변동이 가장 크게 되는 것 같은 방법을 적용한다.

전체의 변동을 그룹 간 변동과 그룹 내 변동으로 분해해 파악하고 그룹 간 변동을 전체 변동으로 나눈 값이 최대가 될 수 있는 a_{ij}를 구한다.

매우 추상적인 표현이 되었으나 수리적인 설명은 전문서에 맡기기로 하고 미국채와 환의 정성 데이터에서 일본 국채의 오르내림이라는 정성 데이터가 어떻게 예측되었는가 하는 본제로 돌아가기로 하자.

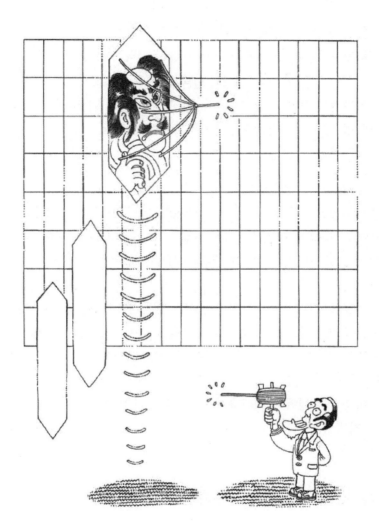

내일은 오를 것인가?

계산 결과 다음과 같은 선형 판별식을 얻었다.

$y = 0.1893x_{11} + 0.1420x_{12} - 0.3370x_{21} + 0.6065x_{22}$

다미변수 $x_{ij} = 1$ …… 아이템 i가 카테고리 j의 경우

0 …… 그렇지 않은 경우

이것에서 채권 상승 그룹의 y의 평균값 y_u와 채권 하락 그룹의 y의 평균값 y_D를 구하면 〈표 6-6〉과 같이 된다.

따라서

$$\frac{1}{2}(\overline{y}_U + \overline{y}_D) = 0.5460$$

을 경계로 하여 어느 날의 미국채와 환의 오르내림 다미변수에 의한 y의 값이 이것보다 작을 때는 다음 날의 일본 국내채 시세는 오르고, 반대로 작다면 국내채 시세는 떨어진다고 생각하면 된다.

어떻게 카테고리 스코어 a_{ij}를 구했는지를 생략했으나 수량화 I류의 경우와 같이 a_{ij}는 그 평균을 0으로 한 기준화를 하고 있으므로 각 아이템 중 어느 쪽이 큰 영향을 발휘하는가라는 판단도 가능하게 된다.

미국채 시세의 오르내림이라는 아이템의 범위를

〔최대 카테고리 스코어〕-〔최소 카테고리 스코어〕로 정의하면 그 값은

$a_{12} - a_{11} = 0.3313$

같은 식으로 하면 환(달러)시세의 상하 범위는

$a_{22} - a_{21} = 0.9435$

가 된다.

범위가 큰 아이템 쪽이 예측할 정성적 데이터에 대해 큰 영향

을 미칠 것으로 생각되므로 이 경우에는 일본 국내채 시세의 오르내림 결정에는 미국채 동향보다는 환시세의 움직임 쪽이 크게 기여하고 있다고 판단된다.

수량화 이론에 있어 I류, II류 모두 실제로 데이터 처리를 하여 a_{ij}를 구하는 절차는 컴퓨터에 의한 행렬연산이 되기 때문에 방대한 데이터를 처리하려면 전문 소프트웨어를 사용할 필요가 있다.

이상의 설명과 같이 어느 시장의 오르내림이나 값의 움직임 정도를 외적 기준으로 삼아 다른 여러 시장의 오르내림을 설명 요인으로 생각하는 모델에서는 현실적으로 수개월 정도의 데이터를 기본으로 매일의 데이터를 파악하면서 상관계수를 점검해 둔다. 또 상관이 없어질 때는 작업을 하지 않는 등의 판단기능을 갖고 있게 하는 것이 좋지 않을까 여겨진다. 이것은 중회귀 분석 시에 설명한 것과 같은 발상이다.

부론

수량화 Ⅱ류에서의 a_{ij}를 구하는 방법

수량화 Ⅱ류에서는 카테고리 스코어 a_{ij}를 구하기 위해서 이것을 2개 그룹 간의 군간 변동을 최대화하는 a_{ij}를 구하는 문제로 바꾸어 놓는다.

우선 각 표본의 데이터를 판별식에 대입하여 얻는 값을 판별 득점으로 하여 판별식=0, 즉 그룹 간의 경계선이 되는 데에서 어느 정도 떨어져 있는가의 척도로서 생각한다.

다음에 판별 득점의 평균값을 계산하여 각각의 판별 득점과의 차의 제곱합을 S_t로 한다.

$$S_t = \sum_i (y_i - \overline{y})^2$$

이것은 전변동이라고 하는 수치인데 2개 그룹의 판별 득점의 평균값을 생각하는 것에 따라 전체 변동은 각 그룹의 판별 득점 평균과 판별 득점 전체의 평균과의 차의 제곱합과 각 그룹의 판별 득점과 판별 득점의 평균과의 차의 제곱합으로 분해한다.

전자는 그룹 간의 변동 또는 군간 변동 후자는 그룹 내의 변동 또는 군내 변동이라 불리며,

$$S_t = S_1 + S_2 \quad \begin{cases} S_1\text{: 군간 변동} \\ S_2\text{: 군내 변동} \end{cases}$$

으로 나타낸다.

이것으로 2개의 그룹을 가장 잘 판별하기 위해서는 전변동 중 군간 변동을 최대로 하면 된다. 즉,

Z=S_1/S_t

로 하고 Z가 최대로 되도록 a_{ij}를 결정하면 되는 것이다. 즉 Z를
a_{ij}를 편미분하여 0이 되는 것 같은 연립방정식을 푸는 셈이 된
다.

여기서도 수량화 Ⅰ류에서 직면한

$$\sum_{j=1}^{n} x_{ij} = 1$$

이라는 문제가 동일하게 나타나므로 적당한 카테고리 스코어를 0
으로 해서 푼다.

행렬에 의한 계산에 대해서는 생략한다.

7장
'장난기'로 시세를 생각한다

1. 포트폴리오와 이론

금융 전문가들에게 포트폴리오란 무엇인가 하는 설명은 불필요하겠지만, 때로는 증권 업무에 종사하는 사람들 중에도 그 내용과 본질에 대해 잘못된 이해에 기초하여 의논하고 있는 경우도 있으므로 약간 설명하기로 하자. 금융에서 포트폴리오란 간단히 말해 자금 운용을 하고 있는 자산의 조합, 즉 자산의 내용을 가리키는 것이며 그 가장 효과적인 운용을 목적으로 하는 것이 이른바 포트폴리오 관리라는 것이다.

포트폴리오는 거대한 기관투자가의 자산에 대해서만 관계되는 것이 아니라 가령 개인적인 자산(보통예금이나 주식, 부동산 같은 것의 조합)에 관해서도 관계되는 것이다. 그러나 개인과 기업은 그 지향하는 목표가 약간 다르기 때문에 포트폴리오 관리의 유형은 마땅히 달라진다. 그러나 개인 기준의 자산이라 해도 보통의 샐러리맨의 것과는 차원이 다른 자산을 보유하고 있는 사람도 많으므로 한마디로 개인과 기업의 유형이 다르다고 말할 수 없을지도 모르겠다.

포트폴리오라는 말은 원래 서류가 들어 있는 가방이란 뜻이다. 이것이 보유자산의 내용이라는 금융용어로 전환되었는데, 시세에 관여하는 사람이면 포트폴리오의 운용을 바라볼 때 단순히 유입하는 현금을 어떤 자산에 투자하는 것으로 끝나는 간단한 업무처럼 생각하기 쉽다. 하지만 실제의 포트폴리오 운용은 상당한 고도의 지식이 요구되는 것이다. 투자대상이 되는 자산에 관한 지식은 물론, 그것을 운용할 자금의 성격, 질 같은 것도 충분히 인식한 다음에 그것을 어떤 자산에 할당할 것인가, 즉 자산 배분이 최대의 과제가 되는 것으로 포트폴리오 관리자라 불리는 사람들의 신경이 대부분 여기에 쏠려 있다고 해도 과언은 아닐 것이다.

부언하면 자산 배분이란 유가증권을 대상으로 하는 포트폴리오만이 아니고 더욱 폭넓은 차원에서의 분야에도 응용될 수 있는 것이다. 어느 기업이 시설투자를 하고자 하거나 연구개발에 막대한 자금을 투입하고자 할 때, 그 기업의 한계가 있는 자금력으로 그러한 투자의 유효 여부를 판단하는 것은 자산 배분의 하나의 응용이다. 또한 '기업은 인재가 자산이다'라고 자주 말하는데 이 인재가 어떠한 업무에 어떻게 배치되어 있는가 하는 것도 말하자면 자산 배분의 문제로서 파악할 수 있는 대상이다.

이야기를 유가증권의 포트폴리오로 되돌리자. 유가증권이라 하면 채권이나 주식 등을 말하는데 편의상 현금도 이 속에 포함된다고 생각하자. 채권도 주식도 사고 싶지 않을 때는 현금을 그대로 수중에 갖고 있을 수 있기 때문이다. 이러한 포트폴리오에 있어 운용관리자, 즉 포트폴리오 매니저는 어떻게 자산 배분을 할 것인가 하는 문제를 제시하여 거기에 회답을 주고자 하는 것이 모던 포트폴리오, 즉 현대투자 이론이라는 것이다. 이 이론의 기원은 그리 오래된 것은 아니다. 그리고 그 발전은 근년에 이르러 놀라울 정도이다.

이 이론 자체가 위험을 분산하기 위한 분산투자를 기본으로 하는 것이며 '시세는 시세관으로 끝난다'라는 직업적인 감으로 시세거래를 하는 사람들로부터는 어쩐지 경원되는 경우가 많다. 실제로 이러한 이론을 적용한 투자신탁 등의 실적이 별로 좋지 않은 경우도 자주 생겨나므로 이론적 접근도 별로 모양새가 좋다고는 할 수 없는 때도 있다. 또한 현대투자 이론의 대가가 모두 개인

포트폴리오로 막대한 부를 쌓은 것도 아니다. 이론 자체는 부정하지 않지만 굳이 포트폴리오의 운용은 이론이 전부라고 말할 생각은 없다.

　오로지 이론이 제시하는 접근방법을 무엇인가 자기 나름대로 응용하여 나름대로 사용할 수 있는 도구로써 이용할 수 있다면 그것은 역시 가치 있는 것이 될 것이다. 이 장에서는 이러한 관점에서 하나의 모델을 작성해 보기로 했다.

2. 위험회피에는 평균-분산 접근

　모델을 작성하기에 앞서 그 기초가 되는 평균-분산 접근에 대해 간단히 설명하기로 하자. 이것은 현대투자 이론의 교과서에 이론의 입문으로 반드시 있는 이론의 ABC 같은 것이다.

　현금을 포함한 채권과 주식으로 된 포트폴리오에 대해 생각하기로 하자. 각 운용대상은 각각 위험과 수익을 내포하고 있는데, 이러한 것을 일정한 테두리 안에 숫자로 표현할 필요가 있다. 수익은 기대수익률, 즉 어느 기간에 그 운용대상이 어느 정도의 수익을 올리는지를 나타내는 것으로 정의된다. 일반적으로는 수익률을 확률변수로 하고 그것이 취할 수 있는 값과 그 확률을 갖고 가중평균한 기댓값으로 표현한다. 한편, 위험은 그 자산수익률의

확률변수가 취할 수 있는 값　: x_1, x_2, ……, x_n

각각의 확률　: π_1, π_2, ……, π_n

기댓값　: $\bar{x} = \sum_{i=1}^{n} \pi_i \times x_i$

변화도로 정의된다. 일반적으로는 그 분산으로 표현된다(분산의 양의 제곱근이 표준편차인 점에서 위험은 표준편차로 나타난다고 하는 경우도 있다).

분산: $V = \sum_{i=1}^{n} \pi_i (x_i - \overline{x})^2$

이러한 위험, 수익의 정의를 기초로 일본 국채와 닛케이 평균 〔일본의 주식을 대표하는 지수(Index)로서 주식자산의 일반화를 한다〕 각각의 값을 〈표 7-1〉과 같이 기호화한다.

	위험	수익
일본 국채	V_a	R_a
닛케이 평균	V_b	R_b

〈표 7-1〉 일본 국채와 닛케이 평균의 위험과 수익

이 2개를 조합한 포트폴리오의 위험, 수익을 V_p, R_p로 하면 각각 자산의 도입비율 π_a, π_b를 적용하면 어떠한 관계식을 보일 것일까. 답은 다음과 같다.

$V_p = \pi_a{}^2 \times V_a + \pi_b{}^2 \times V_b + 2 \times \pi_a \times \pi_b \times \sigma_{ab}$　　　(σ_{ab}: 공분산)

$R_p = \pi_a \times R_a + \pi_b \times R_b$

즉 수익은 각 자산의 무게로서의 가중평균이 되지만 위험은 그렇지만은 않다. 공분산은 각각의 표준편차와 상관계수에서 $\sigma_{ab} = \rho \times \sqrt{V_a} \times \sqrt{V_b}$로 나타내게 되므로 위험의 정의는

$V_p = \pi_a{}^2 \times V_a + \pi_b{}^2 \times V_b + 2 \times \pi_a \times \pi_b \times \rho \times \sqrt{V_a} \times \sqrt{V_b}$

로 고쳐 쓸 수 있다. 상관계수가 1일 때만

$V_p = (\pi_a \times \sqrt{V_a} + \pi_b \times \sqrt{V_b})^2$

으로 되는 것을 알게 될 것이다. 자산 a와 b의 수익률 사이에 완

전한 정의 상관이 있을 때 그 포트폴리오의 위험은 각각 자산의 위험에 흡수된 부담이 가해진 가중평균과 같아지는 것이다. 이것은 바꾸어 말하면 분산의 효과가 전혀 없다는 사실과 같다. 역으로 말하면 자산 a와 b, 이 경우에는 일본 국채와 닛케이 평균의 수익 상호 간의 상관이 완전히 정(상관계수가 1)이 아니면 각각을 조합한 포트폴리오는 위험의 경감을 기도하는 분산투자가 될 수 있는 것이다.

추상적인 말이 되고 말았다. 그럼에도 지금 수치가 다음과 같다고 해보자.

$$\begin{cases} V_a=0.05 & R_a=0.08 \\ V_b=0.12 & R_b=0.15 \end{cases}$$

$$\rho=0.35$$

흡수된 비중도 각각

$$\pi_a=0.65 \qquad \pi_b=0.35$$

라고 하자. 이 포트폴리오의 위험과 수익은 다음과 같이 계산할 수 있다.

$$V_p=0.65^2 \times 0.05 + 0.35^2 \times 0.12 + 2 \times 0.65 \times 0.35 \times 0.35$$
$$\times \sqrt{0.05} \times \sqrt{0.12} \fallingdotseq 0.048$$

$$R_P=0.65 \times 0.08 + 0.35 \times 0.15 \fallingdotseq 0.105$$

즉 이 위험은 0.048, 수익은 0.105로 표현된다(그림 7-1). 개개 자산의 위험이 수익과 어떤 관계가 있는지 알아보자.

포트폴리오 P의 지점은 분명히 a나 b에 집중하는 것보다 유리하다는 것을 나타내고 있다. 이것이 분산투자의 우위성을 시각에 호소한 것이다. P는 마침 $\pi_a=0.65$, $\pi_b=0.35$로 했을 때의 위치이고 이것을 여러 가지로 흡수된 경우로 묘사하면 P의 궤적은 포물

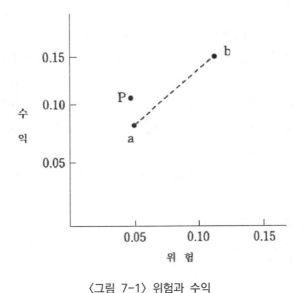

〈그림 7-1〉 위험과 수익

선의 일부가 된다. 특히 이 선의 좌측에 접하는 수선과의 접점에
서 우측 상방의 점을 연결하는 부분을 유효 프런티어(그림 7-2)라
고 부른다(가로축을 분산 제곱근의 양의 값, 즉 표준편차로 하면 P의
궤적은 쌍곡선이 된다).

현대투자 이론에서는 시장 참가자를 한결같이 위험회피자로 여
기며 투자가의 위험과 수익에 관한 효용함수 U=U(V.R)에 대해서

$$\frac{\partial U}{\partial V} < 0, \quad \frac{\partial U}{\partial R} > 0$$

으로 생각하고 있다. 효용함수는 투자가에 의해서 변환되며 어
느 유효 프런티어와 무차별곡선의 형태로 접하는 점이 그 투자가
에게는 최적의 포트폴리오라고 할 수 있다. 즉 위쪽에 있을수록
높은 효용 수준을 나타내는 무차별곡선과 유효 프런티어가 어디

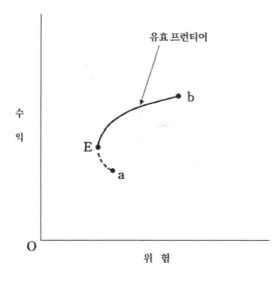

〈그림 7-2〉 유효 프런티어

서 접하는지가 분산투자의 과제가 되는 것이다(그림 7-3).

　지금까지의 의논은 최적의 포트폴리오 구성, 즉 일본 국채와 주식의 흡수비율은 일률적으로는 결정되지 않는다. 다양한 위험의 허용도에 의해 그 위치가 변한다는 것이다.

　여기에서 한 걸음 더 나가기 위해 현금의 존재를 상기해 보자. 현금은 위험이 0이라고 생각된다. 이것의 또 하나의 운용대상의 존재에 의해 포트폴리오에 대한 발상은 위험이 존재하는 자산 간의 배분 문제와 위험이 없는 자산과 위험이 존재하는 자산 간의 배분 문제는 분리되는 것이다.

　현금은 위험이 0이므로 그림에서는 세로축에 묘사된다. 기술적으로는 세로축에 수익, 가로축에 위험의 제곱근을 설정한 〈그림 7-4〉에서 유효 프런티어에 현금의 점에서 그은 접선상의 접점이

174

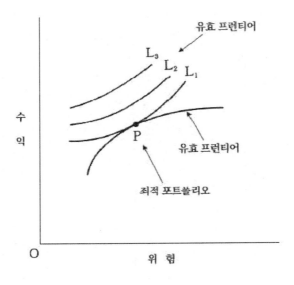

〈그림 7-3〉 최적 포트폴리오

위험자산 내의 조합 최적 수준을 나타내고, 개개 투자가의 위험허용도는 직선 FO 간의 위치, 즉 현금과 위험자산 간의 부담을 결정한다.

그러면 접점 O는 어떻게 구하는지를 생각해 보자. 이것은 흡수할 자산의 각 부담의 합이 100%가 되는 조건 하에서 자본시장, 즉 현금의 위치 F에서 유효 프런티어에 그은 접선의 기울기가 최대가 되도록 각 부담을 구한다는 문제로 치환될 수 있다. 식으로 나타내면

$$\begin{cases} \text{기울기}(\theta)=(R_p-F)/\sigma_P \text{의 극대화} \\ \text{조건: } \Sigma \pi_i=1, \ \pi_i \geq 0 \end{cases}$$

이 된다.

일반적으로는

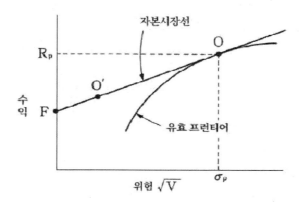

F : 현금의 수익 (위험은 0)
O : 위험자간 중에서 최적의 포토폴리오
O′: 위험자산에 현금을 가미한 최적 포토폴리오
    $(\sigma_p = \sqrt{V_p})$

〈그림 7-4〉 현금과 위험자산의 비율은

$$R_p = \Sigma\,\pi_i \times R_i \quad \text{및} \quad \sigma_P = \sqrt{V_p} = \sqrt{\Sigma\,\pi_i^2 \times V_i + \Sigma\Sigma\,\pi_i \times \pi_j \times \sigma_{ij}}$$

를 대입하여 모든 i에 대해 $\partial\theta/\partial\pi_i = 0$을 계산, 연립방정식을 풀어 가는 것이다. 너무나 엄청난 작업량이므로 간단한 방법으로 2개의 자산에서의 계산을 적는 것으로 끝내자(본격파에는 2차계획법이란 해법이 있다). 다음은 식의 전개만이므로 생략되어도 무방하다.

—π_1, π_2를 구하는 방법—

$$R_p = \pi_1 \times R_1 + \pi_2 \times R_2$$

$$F = 1 \times F = \pi_1 \times F + \pi_2 \times F$$

$$\therefore R_P - F = \Sigma\,\pi_i \times (R_i - F)$$

$$\sigma_P = \sqrt{V_P} = \sqrt{\pi_1{}^2 \times V_1 + \pi_2{}^2 \times V_2 + 2 \times \pi_1 \times \pi_2 \times \sigma_{12}}$$

$$\therefore \ \theta = (R_p - F)/\sigma_P$$

$$= \Sigma \ \pi_i \times (R_i - F)/\sqrt{\pi_1{}^2 \times V_1 + \pi_2{}^2 \times V_2 + 2 \times \pi_1 \times \pi_2 \times \sigma_{12}}$$

$\dfrac{\partial \theta}{\partial \pi_1} = 0, \ \dfrac{\partial \theta}{\partial \pi_2} = 0$은 다음과 같다.

$$\begin{cases} R_1 - F = Z_1 V_1 + Z_2 \sigma_{12} \\ R_2 - F = Z_1 \sigma_{12} + Z_2 V_2 \end{cases}$$

단, $Z_i = \lambda \cdot \pi_i (\lambda$는 상수)

이것을 Z_i에 대해서 푼다.

$$\begin{bmatrix} R_1 - F \\ R_2 - F \end{bmatrix} = \begin{bmatrix} Z_1 \\ Z_2 \end{bmatrix} \begin{bmatrix} V_1 & \sigma_{12} \\ \sigma_{12} & V_2 \end{bmatrix}$$

$$\therefore \ \begin{bmatrix} Z_1 \\ Z_2 \end{bmatrix} = \begin{bmatrix} V_1 & \sigma_{12} \\ \sigma_{12} & V_2 \end{bmatrix}^{-1} \begin{bmatrix} R_1 - F \\ R_2 - F \end{bmatrix}$$

$\pi_i = Z_i/\lambda$이므로, $\pi_i = Z_i/\Sigma Z_i$로서 π_i, 즉 π_1과 π_2를 구하면 된다 (구하는 법 끝).

결론을 말하면 그림의 O지점은 일본 국채와 닛케이 평균 사이의 배분, 예를 들어 전자를 30%, 후자를 70%라는 비율로 구분을 나타내는 한편 O′지점은 운용되는 자금 중 현금으로 보유하는 부분과 일본 국채나 닛케이 평균 등의 위험자산에 투자하는 부분과의 비율을 정하는 것이다. 운용자의 위험허용도, 즉 어느 정도의 위험에 견딜 수 있는지의 가치 기준은 후자의 현금 대 위험자산 비율의 결정에 반영되지만, 위험자산 간의 할당에는 영향을 미치지 않게 된다.

즉 이러한 평균-분산 접근방법은 각 자산의 위험, 수익 그리고

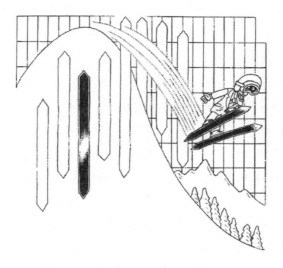

위험을 즐기는 사람도 있다

자산수익 간의 상관계수와 현금의 수익을 파라미터(매개변수)로 하여 위험자금 내의 자산 배분을 일률적으로 결정하는 것이다. 신문 등에 기관투자가가 운용자산의 현금비율을 올린다는 등의 기사가 있는데, 이 접근방법으로 보면 이런 것이야말로 위험허용도에 기초한 현금 대 위험자산비율의 조정인 것이다.

이상으로 설명이 좀 길어졌으나 이 접근방법(이라기보다 현대투자 이론)의 전제는 시장이 효율적이고, 시장 참가자가 위험회피자라는 것을 유의할 필요가 있다. 만일 여러분이 대단히 위험을 즐기는 사람이라면 이 장은 전혀 뜻이 없는 글자의 나열에 불과한 것으로 여길 수도 있다.

3. 이론과 의지, 어느 쪽을 우선하는가

보통, 현대투자 이론은 어떤 일정액의 자금운용을 어떤 배분으로 하는가라는 과제에 답을 준비하는 것이며, 이것의 이용·응용은 현물자산으로의 투자세계에서 이루어지는 것이다.

현실의 시장을 바라보면 알 수 있듯이 여러 가지 자산, 예를 들면 일본주, 미국주, 독일주 등의 시세가 모두 상승하는가 하면 반드시 그렇지도 않고, 오를 것 같은 시장도 있으며 내릴 것 같은 시장도 있다. 운용·투자라는 세계에서는 시세가 오를 것으로 여겨지는 부분에 자금을 투입하는 것이 보통이지만, 그칠 줄 모르는 수익성의 추구를 위해서는 내릴 것으로 여겨지는 시세에도 가지고 있지 않은 주식이나 상품을 빈 거래함으로써 싼 시세에서 이득을 올려야 하는 경우도 요구될 때가 있다.

그러므로 지금까지 보아온 이득을 투자해서 얻는 수익률의 기댓값이 아니라 투자 또는 빈 거래에 의해 얻는 수익률의 기댓값으로 하면 어떨까. 즉 시세 동향의 해득 여하에 따라 플러스의 기댓값인 경우는 그대로 투자기대수익률로 생각하고 마이너스의 기댓값이 출현했을 때는 그 부호를 플러스로 해서 빈 거래수익률로 인식하는 것이다

현물자산을 빈 거래하는 데는 제도상의 문제나 가격 면에서의 제약을 받으므로 여기서는 선물시장을 생각하기로 한다. 투자 쪽도 통일하여 선물대상으로 하자. 다양한 선물시장에서 폐쇄시장의 재정 모델을 앞에서 설명한 평균-분산 접근방법으로 작성하자는 것이다.

따라서 지금부터는 통상의 포트폴리오 운용에서 이탈하여 선물

시장, 즉 기업의 대차대조표에 영향을 미치지 않는 이른바 오프 밸런스로의 거래에서 포트폴리오 이론의 일부를 이용한 재정 모델을 생각해 보기로 한다.

현실의 모델을 검토하기 전에 위험, 수익 그리고 상관계수에 대한 정합성, 일관성이란 것을 생각해 두자. 일본 국채와 닛케이 평균에 관해 그 위험, 수익, 상관계수로서 어떠한 데이터를 이용하여 이것을 구하는가 하는 문제이다.

하나의 간단한 답은 과거 일정 기간의 각 시장의 수익을 산출하여 각각의 그 분산에서 위험을 구하고 다시 상관계수를 도출하는 과거의 데이터를 이용하는 것이다. 즉 과거 각각의 시세에 있어서 어떠한 수익이나 위험이 관측될 것인지를 안 다음에 그것을 그대로 장래에도 적용하고자 하는 방법이다. 이것은 나름대로 완결된 방법이기는 하지만 자기 자신의 장래의 시세 해득은 전혀 반영되어 있지 않은 셈이 된다.

어느 정도 무엇인가 시세에 관계해 본 사람이라면 이러한 방법에는 저항이 있으리라 여길 것이다. 그러므로 자신의 시세관을 대입하고 싶을 때는 어떻게 할 것인지를 생각해 보자. 과거의 데이터는 전적으로 무시하고 예상값에만 기초한 위험, 수익 그리고 상관계수를 구하는 방법을 알아보기로 하자.

시나리오 분석이라는 방법을 우선 생각하자. 어느 일정 기간, 예를 들면 앞으로 1개월간에 그 시세가 어떻게 움직일 것인가를 확률을 매겨 몇 개의 시나리오를 작성하는 것이다. 일본 국채선물 시장에서 다음과 같은 시나리오를 작성했다고 하자.

시나리오의 수는 몇 개라도 상관없다. 위의 다섯 가지 시나리오

	예상수익	확률
시나리오 1	1.5%	20%
시나리오 2	3.0%	40%
시나리오 3	4.5%	20%
시나리오 4	5.0%	15%
시나리오 5	6.0%	5%

의 예로서 일본 국채의 위험과 수익은 다음과 같이 계산할 수 있을 것이다.

수익: $(1.5\% \times 20\%) + (3.0\% \times 40\%) + (4.5\% + 20\%)$

$\qquad + (5.0\% \times 15\%) + (6.0\% \times 5\%) = 3.45\%$

위험: $(1.5\% - 3.45\%)^2 \times 2.0\% + (3.0\% - 3.45\%)^2$

$\qquad \times 40\% + (4.5\% - 3.45\%)^2 \times 20\% + (5.0\% - 3.45\%)^2 \times 15\%$

$\qquad + (6.0\% - 3.45\%)^2 \times 5\% = 0.00017475$

(표준편차= $\sqrt{0.00017475} \fallingdotseq 1.32\%$)

닛케이 평균도 같은 시나리오 설정으로 위험과 수익이 계산된다. 나머지의 문제는 상관계수이다. 이것을 이 시나리오에서 도출하는 작업을 생각해 보자.

상관계수는 각각의 자산 표준편차와 공분산에 의해 다음과 같이 나타낼 수 있는데, 이는 이미 여러 번 본 대로이다.

상관계수=공분산/(표준편차 A × 표준편차 B)

또한 공분산은

$$\sum_{i=1}^{n} \pi_i \times (R_a - \overline{R_a}) \times (R_b - \overline{R_b})$$

즉, 하나하나의 시나리오에서 각 자산의 예상수익과 그 가중평균값과의 차를 곱한 것의 가중평균을 취한 것이다. 여기서 주의할 것은 시나리오를 분석할 때의 확률 부여는 각 자산마다 공통해야 한다는 것이다. 즉 다음과 같은 시나리오를 작성하지 않으면 상관계수의 계산은 할 수 없다.

	일본 국채수익	닛케이 평균수익	확률
시나리오 1	1.5%	−8.5%	20%
시나리오 2	3.0%	−6.0%	40%
시나리오 3	4.5%	3.5%	20%
시나리오 4	5.0%	4.5%	15%
시나리오 5	6.0%	9.8%	5%

이처럼 자신의 시세관으로 시나리오를 작성하고 위험, 수익 그리고 상관계수를 계산해야 하므로 이것을 기초로 앞에서 본 평균 -분사 접근방법에 의해 배분을 적절하게 해야 한다.

그러면 이 시나리오 분석을 그대로 사용하여 재정 모델을 생각해 보자. 분명히 시나리오에서 일본 국채는 모르는 시세를, 닛케이 평균은 내리는 시세를 예상하고 있다. 그것만으로 일본 국채를 사고 닛케이 평균을 판다는 방향성을 나타내고 있는 것은 알 수 있지만, 어느 정도의 비율로 매매를 할 것인지 여기까지는 아무것도 시사하고 있지 않다. 이것을 찾아내려면 어떻게 하면 좋을까.

우선 필요한 데이터를 준비할 필요가 있다. 일본 국채선물, 닛케이 평균선물 각각의 위험과 수익 그리고 상관계수와 현금의 수익, 합계 6개의 재료가 준비되어야 할 것이다. 이런 것은 모두 먼저 시나리오 분석에서 다음과 같으며 현금률은 7%로 하자.

기초준비는 끝났으나 기대수익률이 마이너스일 때는 부호를 바

	수익	위험
일본 국채	3.45%	1.32%
닛케이 평균	-2.24%	5.84%
상관계수	0.91%	
현금률	7%	

(이 모델에서는 위험에 표준편차를 사용하기로 한다)

꿔 빈 거래수익률을 고려하기로 했으므로 닛케이 평균선물의 수익은 2.24%로 고치기로 하자. 이렇게 수치가 준비되었을 때, 전항에서 설명한 최적 포트폴리오를 구하는 수식에 대입하여 각각의 자산에 대한 최적 부담을 구하고 이것을 근거로 조작을 개시한다. 예를 들어 π_a=70%, π_b=30%였다고 하면 국채선물시장에서 70억 엔을 매수하고 닛케이 평균선물 30억 엔을 매도하는 상태를 조성하게 된다.

일본 국채와 닛케이 평균이라는 조합뿐만 아니라 다양한 변화를 조합하는 것도 생각할 수 있을 것이다. 가령 환을 혼합하는 등 다수 시장 간의 시장 교체중재(Cross Market Arbitrage)에 사용하는 것도 가능할 것이다. '이러한 이론의 이용방법은 사도(邪道)가 아닌가' 하는 의논에 참가할 생각은 없다. 되풀이하여 말하지만 실무자에게는 접근방법이 무엇이든 간에 자신이 납득할 수 있는 도구만이 자신을 도와주는 도구인 것이다.

4. 퍼지는 엄밀한 계산으로 애매한 답을 낸다

최근에는 전자제품에 퍼지 제어라는 방법을 적용한 새로운 상품이 계속 나오고 있다. 세탁기나 밥솥 등을 실제로 사용하고 있는 사람들도 있을 것이다. 또한 가전제품만이 아니라 지하철의 운전제어 등 공공목적의 이용에도 이미 퍼지 이론은 도입되어 있다.

퍼지는 애매하다는 말로 설명되는 경우가 많다. 지금까지 컴퓨터 하면 1과 0으로 표현되는 신호에 의해 흑과 백의 뚜렷한 논리연산을 하는 것으로 이해하고 있었다. 하지만 현실사회에서는 오히려 애매한 개념이 많이 존재하므로 사회현상을 설명하거나 문제를 해결하는 데는 그러한 애매한 점을 적절히 수량화하여 처리하는 것이 적합하다고 생각할 때가 있다.

애매한 것을 생각할 때 흔히 애매한 개념의 집합을 연상하는 일이 있다. 예를 들어 회사로 말하자면 저 사람은 일을 잘 한다와 같은 것이다. 또 그 여자는 참으로 예쁘다라는 말도 애매한 표현이다. 키가 크다거나 살이 쪘다와 같이 어떤 수치 표현을 배경으로 갖고 있으면서도 애매한 말로 바꿔 말하는 경우도 많다.

시세의 경우로 말하면, 급격히 가격이 오르는 것 같은 불확실한 시세를 형성하는 경우가 있는데, 이런 애매한 점에 대해 어떤 방법으로든지 수량화하여 시장 조작에 적용할 수 있는 모델을 작성할 수 없을까 생각해 보는 것도 좋을 것이다.

항간에는 이미 주식투자 등에 퍼지 이론을 응용한 아이디어가 등장해 있다. 이것은 이미 언급한 환, 채권시장 흑은 그 사이에서의 재정거래 등에도 이용 가능하다. 앞의 장에서는 수량화 이론에 대해 설명하고 그 응용 모델을 생각해 보았다. 이에 관한 방향성은 이것과 같은 것이다. 즉 정량적이 아닌 다양한 정보가 부여되었을 때 어느 시세가 어떻게 움직일 것인가를 예측할 때 그 정보를 어떤 규칙에 따라 수치화하여 자신의 행동 양상을 결정하고자

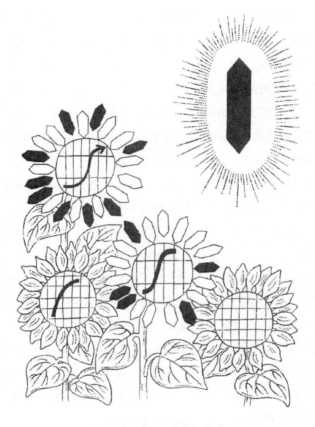

애매하지만 엄밀한 퍼지

하는 것이다.

퍼지 집합은 멤버십 함수라는 것을 사용하여 보통의 집합하고 구별하기 쉽다. 시세의 강약을 나타내는 지표가 있다고 하자. 도 표의 세계에는 RSI(RELATIVE STORENGTH INDEX)라는 것이 있 으므로 이것을 예로 들어 생각해 보도록 하자. 이것은 며칠간의 과거 시세에서 전날의 상승, 하락 같은 숫자를 기초로 작성한다.

$$RSI= \frac{가격\ 상승\ 평균값}{가격\ 상승\ 평균값-가격\ 하락\ 평균값} \times 100$$

　가령 9일간의 데이터에서 가격 상승한 평균값이 3, 가격 하락의 평균값이 마이너스 7이라면 RSI는 3/10×100, 즉 30이 된다.

　RSI는 정의에서 0부터 100까지의 값을 취했을 때 시세가 상승 경향에 있으면 100으로 향하고, 하락 경향에 있으면 0으로 향한다. 일반적인 사용법은 80 이상이 되면 거의 팔 때고 20 이하이면 살 때가 되었다고 하는 식인데, 이것의 반대도 분명치 않은 표현이다.

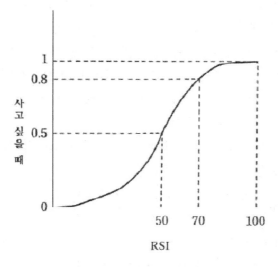

〈그림 7-5〉 멤버십 함수

　그러면 다시 이야기를 멤버십 함수로 돌리자. 〈그림 7-5〉를 보기로 하자. 이것은 이미 설명한 RSI란 지표를 가로축에, 사고자 하는 가격을 0에서 1까지의 수치로서 나타낸 것이다. 이것을 멤버십 함수라고 부른다.

이 그림에서 RSI가 100일 때는 사고 싶은 생각이 1로, RSI가 70일 때는 사고 싶은 생각이 0.8이라는 식으로 나타나 있다. 즉, 사고 싶은 가격이라는 불분명한 정도를 수치화한 것이다. 즉 그것이 1이면 100만 엔을 사고, 0.8이면 70만 엔을 사고, 0.5이면 50만 엔을 산다는 식으로 체계화하는 것이다.

물론 사고 싶은 가격이라는 개념 속에는 반대로 팔고 싶은 가격이라는 것도 있다. 그래서 이 멤버십 함수도 간단히 그릴 수 있는 것이다.

불확실한 것을 대상으로 하는 생각은 예전의 팔기냐 사기냐 하는, 즉 위의 예로 말한다면 0이나 1 같은 명확한 결론에 의한 판단과는 달리 그 중간에 존재하는 무엇인가를 어떤 방법으로든지 체계적으로 처리하고자 하는 것이다. 그러나 현실의 시세거래에서는 '어쩐지 사는 것으로 했다'든지 '사기로 결정했다'라는 애매한 표현으로 논의하는 경우가 많다.

여기서는 RSI라는 하나의 지수를 사용하여 간단히 설명했으나 실제로 작동할 모델로서는 의당 충분한 것이 아니므로 여러 가지 지수를 부가조합하거나 매매의 정도에 대해서도 더욱 세분화해 볼 필요가 있다.

포트폴리오 이론이나 퍼지 이론 같은 것은 모두 생겨난 지 얼마 안 되는 새로운 이론이며, 금후의 급속한 발전과 시세 분석에서의 응용에 크게 기대된다. 그리고 이 흐름 속에서 장난기를 충분히 키우면서 여러 가지 모델을 계속 생각해내는 것도 하나의 즐거움이라고 말할 수 있지 않을까.

8장
시세와 과학(결론에 가름하여)

1. 위험을 줄이고 수익을 늘린다

지금까지 시세라는 것이 어느 정도 실생활에 깊게 관계하고 있는지, 그리고 금융기관이 시세라는 것에 어떻게 대응하고 있는지를 살펴보면서 그것에 대응하는 하나의 접근방법으로써 확률, 통계적 사고를 설명했다. 오해가 없도록 말해 두지만, 금융기관은 시세에 대해 언제나 위험을 적극적으로 계속 다루고 있는 것이 아니라 기본적으로 위험을 최소화하고 수익을 최대화하는 것을 원하고자 하는 것이다. 이것은 기업만이 아니라 모든 행동단위에서의 원칙이라고 해도 좋을 것이다.

그러나 1980년대 후반의 금융운용, 특히 일본 주식시장에서 볼 수 있는 위험 감각이 미비한 재무관리의 유행은 위험관리를 망각한 수익의 증대만을 추구하는 풍조를 낳게 하여 결과적으로는 개인, 대기업을 막론하고 대폭주 시세를 초래했다. 그리고 그 반동으로서의 대폭락에 아무런 손도 쓰지 못하고 손실만을 계속 보는 사람이 속출했다.

이러한 대폭락이라는 대단한 경험을 한 일본 주식시장은 앞으로 위험과 소득의 인식에 기초를 둔 참가자의 행동 변화에 의해 서서히 정상화의 길을 걸어 나갈 것을 기대하고 있다. 바꾸어 말하면, 업자나 투자가 모두 종래의 방법에서 탈피해야 할 필요가 있게 되었다

문제는 주식시장만이 아니라 모든 시장에 있어서 정상적인 위험 감각을 회복할 것이 요구되고 있다. 그렇다면 위험은 어떻게 관리해야 할 것인가. 이것은 대단히 어려운 과제이다. 한마디로 위험이라고 해도 그것은 다양한 형태를 내포하고 있기 때문이다.

시세에 한하는 것이 아니고 일반적으로 경쟁 원리가 작용하는 환경 하에서는 참가자가 많으면 많을수록 또 정보화가 고도로 되면 될수록, 일정 위험 하에서의 수익은 감소를 계속하여 0으로 되든지 경우에 따라서는 마이너스도 될 수 있는 것이다. 그리고 수익 추구를 위해 취할 위험의 수준을 높여 나가든지 그 사업을 포기하든지 결단을 강요당하게 된다.

한편, 다른 참가자가 쉽게 따라올 수 없는 기술을 갖고 있는 경우에는 위험 없이 소득을 올릴 수 있는 효과적인 사업도 실제로는 있다. 그러니까 기업은 앞을 다투어 기술 개발에 힘쓰고 있는 것이다. 금융의 세계에서도 앞에서 말했듯이 스왑, 옵션 등의 소재를 사용하여 새로운 상품을 개발하거나 위험 최소화를 위한 회피기술을 개발하기도 한다.

즉 어떤 사업에서 이득을 추구하는 한 증대하는 위험을 제어하는가, 신상품을 남보다 앞서 개발하는가 하는 두 가지 문제에 직면하지 않을 수 없다. 과학적 발상은 쌍방에서 받아들일 필요가 있다. 이 책의 목적은 이미 설명한 대로 전자의 문제에 대해서 종래와는 약간 다른 시각에서 생각하고자 했던 것이다.

'위험을 두려워해서도 안 된다', '위험을 각오함으로써 시세꾼이다', '사나이답게 위험과 맞서 나갈 것이다'와 같은 생각은 아직도 건재하며 심한 세파를 뚫고 살아온 사람들의 철학으로 뿌리를 내리고 있다. 필자는 이것을 부정할 생각은 없다. 되풀이하여 말하지만 확률·통계적 접근은 하나의 새로운 모색이며, 풍부한 경험의 소유자들에 대해서는 무엇인가 신호가 될 수 있는 것이라고 기대하는 것이다.

그런 뜻에서 이러한 과학적 발상을 여러 가지 형태로 시세거래에 적용하는 시도는 더욱 이용되어야 할 것이다. 어떻게 충분하게 이용할 수 있는 도구를 늘릴 수 있을지와 여러 가지 국면에서 어느 도구를 사용하면 좋을지를 판단하여 그것을 실행으로 옮기는 힘을 키우는 것이 앞으로의 시세거래에 접하는 방법의 요점이 될 것이다.

2. 끝으로 한마디

시세를 연구한다는 방법으로 요리해 보려고 한 시도가 여러분들에게 어떻게 받아들여졌을까. 이미 느꼈으리라고 생각하지만 지금까지 설명한 것은 과학이라는 입장에서 시세에 접근했다기보다 실무적으로 시세의 측면에서 과학적인 발상을 채용했다고 보는 것이 옳을 것 같다. 그리고 약간 장난기가 섞여 있다. 이러한 방법론을 받아들일지 여부는 여러분들의 판단에 맡기기로 하고, 다른 각도에서 시세와 과학의 접점에 대해서 약간 생각해 보기로 하자.

시각을 바꾸어 과학이라는 안목에서 시세를 바라보면 어떨까. 과학이라는 일반적인 표현은 매우 많은 범위를 이야기하고 있으나 통상 시세라는 세계는 과학이라는 빛을 쬐고 있는지 어쩐지 잘 모르는 곳에 존재하고 있는 것 같은 생각이 든다.

20세기는 과학의 시대라고도 하며 과학 만능이라고까지 하지는 않아도 일상생활에서 그 혜택을 받는 분야는 너무나 많다. 말할 필요도 없이, 가령 금세기 양자역학의 발전은 전자 시대를 초래하고 텔레비전, 오디오 등의 전자기기, 컴퓨터, 하이테크 장난감 등

계속 전자제품의 고부가 가치화를 발전시켰다. 물론 전자공학의 분야만은 아니다. 원자력발전도 양자역학에 의해 발전한 것이라고 할 수 있으며, 간접적이기는 하나 유전자 재조합, 초전도, 상온핵융합 등 이른바 최신공학도 '소립자를 과학으로 한' 양자역학과 조금 관련이 있다. 또 우주 탄생의 수수께끼를 푸는 방법에도 양자역학적 접근이 적용되고 있다.

이러한 과학의 시대를 염두에 두고 동시대에 존재하는 시세의 세계를 바라보면 그것은 어쩐지 폐쇄적이고 비과학적인 영역처럼 생각된다. 분명히 약간씩 달라지고 있는 것은 사실이지만, 계량 분석파는 아직 소수이다.

'시세가 계량적으로 예측될 리는 만무하다'라는 지적은 바로 그대로이며 이론을 논할 여지는 없다. 그러나 경제지표의 예상이나 주식시장의 다음 주의 예상 등, 거의가 점에 가까운 것이 당당하게 통하고 있는 것을 생각하면 이상할 지경이다.

장래의 시세 위치를 예상하는 데 주안을 둔 수량적 접근이 시민권을 갖지 못하는 것은 당연한 일일 것이다. 어느 시점에서의 물질의 장래 위치라는 것은 어떤 규칙대로 움직이는 것이 아니면 예측할 수 없다. 그것이 과학의 결론인 것이다. 유감스럽게도 시세는 지구나 화성같이 규칙성을 갖고 움직이는 것이 아니다.

즉 시세라는 세계에서 객관화, 수량화의 접근방법이 유효한 것은 무엇인가 확실성을 구하는 데 있는 것이지 어느 시점에서의 자격 상태를 예상하는 것은 아니다.

즉 시세를 수량화에 의한 방법을 통해 분석하려면 그것은 어디까지나 확실성을 구하지 않을 수밖에 없는 것이다.

이 책에서 다룬 모델도 장래의 시세거래의 위치를 예측하려는

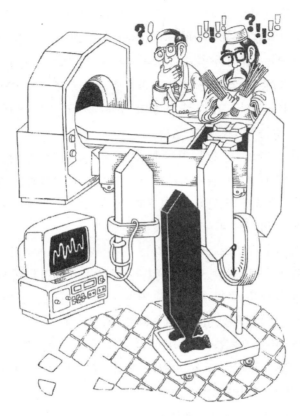

계량 분석이냐 점이냐

것이 아니다 시세가 움직이는 방법의 정확성을 추구하고 있는 것이다.

따라서 몇 번이고 말했듯이 이러한 접근방법은 절대적인 것이라고는 말할 수 없으며 다른 방법으로 대체할 수 있는 것도 아니다. 바로 새로운 또 하나의 도구로써 사용하면 되는 것이다. 확실성을 높이고 확률이 높은 방법을 모색한다는 뜻으로 생각하지 않으면 오히려 수량화, 체계화 같은 방법이 만능인 것 같은 그릇된 인식을 갖게 될 수 있다.

말하자면 수량화 접근방법은 시세라는 존재에 대해서 영원히 완성될 수 없는 것이라고 봐야 할 것이다. '이것으로 됐다'라고 할 수 있는 것은 몇 년 걸려도 나타나지 않으리라고 생각된다. 이 점이 수량화 접근의 장점이며 단점이기도 하다.

이야기가 빗나갔지만, 열역학 분야에 엔트로피라는 개념이 있다. 정보처리 등에서도 적용하고 있는데, 폐쇄된 계에서는 엔트로피가 증대하다는 것이 열역학의 제2법칙으로 불린다. 이것을 한마디로 설명하면 엔트로피란 무질서, 혼란 흑은 평등성, 균질성이라는 뜻이 된다. 예를 들면, 아기방에서 유아가 장난감을 갖고 놀고 있다고 할 때 시간이 경과하는 데 따라 그 방은 처음 정돈되어 있던 상태로부터는 눈을 뜨고 볼 수 없을 정도로 난잡한 상태로 이행되는 것이 보통이다. 이것이 엔트로피가 증대하는 하나의 비유이고 엔트로피가 감소하는 것은 어머니가 아기방에 가서 뒷수습을 할 때, 즉 폐쇄된 계가 열려 엔트로피를 밖으로 버릴 수 있는 것이 가능해졌을 때이다.

시세에도 엔트로피의 개념이 적용될 수 있을까. 매매대상이 되는 것이 일정하고 시장 참가자도 거의 일정하게 폐쇄된 계 안에서 가격의 움직임을 차차 이해하기 어렵게 되었다면 그것은 시세의 엔트로피가 증대한 것이라고 말할 수 있다.

일본의 주식시장처럼 거품이 된 상태는 엔트로피 증대의 극한, 즉 열사(熱死)의 상태에 매우 가깝다고 형용하는 것은 과연 지나친 말일까. 주식 세계의 엔트로피가 감소하기 위해서는 폐쇄된 계에서 어딘가에 엔트로피를 버릴 필요가 있다. 그러기 위해서는 시

194

장 자체의 제도 개선이나 시장 참가자의 의식 변혁으로 이루어질
수 있다는 견해도 있다.

엄밀한 엔트로피의 정의에 따르면 너무나도 적용 범위를 지나
치게 넓힌 결과라고도 말할 수 있으나, 시세의 흐름을 추구하면
할수록 시세 속에서 엔트로피를 생각하는 것도 반드시 유별난 생
각은 아닌 것처럼 여겨진다. 그렇다면 기본적으로 엔트로피가 증
대하는 시세 속에서 시세 움직임의 확실성을 모색하는 수량적 접
근방법을 끊임없이 재검토해야 할 필요성이 생기는 것은 당연한
처사라고 여겨진다. 1개월이나 2개월로 엔트로피가 급속하게 증
대하리라고는 생각되지 않으나 수년 경과하면 확실하게 시세거래
의 질은 변화한다. 여기에 장래의 도표 분석이나 블랙박스 같은
계통의 한계를 느끼게 된다.

원래 영원히 혹은 절대로 바른 것이란 있을 수 없다는 상식이
있다. 일상생활에서 볼 수 있는 현상을 정확하게 기술했다고 생각
되는 뉴턴역학도 상대성 이론에 의해 그 적용 범위에는 한계가
있다는 것이 규명되었다. 그 순간은 신의 손에 맡길 수밖에 없다
고 여겨졌던 우주 탄생조차 터널효과라고 하는 양자역학적 발상
으로 바야흐로 무에서 탄생이라는 물리법칙에 따라 우주 탄생론
이 전개되기도 한다.

이론체계에 한정할 것이 아니더라도, 예를 들어 소련(현 러시
아) 같은 사회 체제의 문제에서도 시간이 경과하면 어딘가에 모순
이 발생하여 체제는 변혁을 강요당한다.

논리는 영원히 일정할 수 없다는 것이 되지 않을까.

시세거래 같은 것을 생각하는 데 그 정도까지 거창하게 생각할
필요가 없을지도 모른다. 그러나 역으로 시세라고 할지라도 끊임

없이 변동하는 메커니즘을 갖는 하나의 기구이며 간단하게 다룰
수 없는 존재인 것이다.

　이 책의 결론으로 시세와 과학과의 접점을 간단히 정리하고자
하니, 갑자기 거창한 문장이 되고 말았는데 양해해 주기 바란다.

　이것은 이제까지 보아온 접근방법이 유효한지 그렇지 않는지의
판단은 바로 여러분에게 위임하는 셈이 되는데, 그 유효성의 논의
를 멋대로 혼자 할 수 없도록 제동을 거는 것은 필자의 책임이라
여겨, 그 한계점도 적어두고자 했기 때문이다.

　요약하면 수량화·체계화에 의한 시세 접근은 도구의 하나로서
적용할 것이며, 시대 변혁에 뒤떨어지지 않도록 개량할 필요가 있
다는 것이다. 그러기 위해서도 모델의 조작에는 반드시 시세거래
를 이해하는 사람의 개재가 필요하다고 하는 것이 아닐까 싶다.

　시세를 연구한다는 것은 과학으로 다룰 수 있는 시세를 보는
방법의 한계를 규정하는 문제이기도 한 것 같다.

시세를 연구한다

왜 오르고 왜 떨어지는가

개정 1쇄 2021년 11월 30일

지은이 구라쓰 야스유키
옮긴이 편집부
펴낸이 손영일
펴낸곳 전파과학사
주소 서울시 서대문구 증가로 18, 204호
등록 1956. 7. 23. 등록 제10-89호
전화 (02) 333-8877(8855)
FAX (02) 334-8092
홈페이지 www.s-wave.co.kr
E-mail chonpa2@hanmail.net
공식블로그 http://blog.naver.com/siencia

ISBN 978-89-7044-995-1 (03310)
파본은 구입처에서 교환해 드립니다.
정가는 커버에 표시되어 있습니다.

도서목록
현대과학신서

A1 일반상대론의 물리적 기초
A2 아인슈타인 I
A3 아인슈타인 II
A4 미지의 세계로의 여행
A5 천재의 정신병리
A6 자석 이야기
A7 러더퍼드와 원자의 본질
A9 중력
A10 중국과학의 사상
A11 재미있는 물리실험
A12 물리학이란 무엇인가
A13 불교와 자연과학
A14 대륙은 움직인다
A15 대륙은 살아있다
A16 창조 공학
A17 분자생물학 입문 I
A18 물
A19 재미있는 물리학 I
A20 재미있는 물리학 II
A21 우리가 처음은 아니다
A22 바이러스의 세계
A23 탐구학습 과학실험
A24 과학사의 뒷얘기 1
A25 과학사의 뒷얘기 2
A26 과학사의 뒷얘기 3
A27 과학사의 뒷얘기 4
A28 공간의 역사
A29 물리학을 뒤흔든 30년
A30 별의 물리
A31 신소재 혁명
A32 현대과학의 기독교적 이해
A33 서양과학사
A34 생명의 뿌리
A35 물리학사
A36 자기개발법
A37 양자전자공학
A38 과학 재능의 교육
A39 마찰 이야기
A40 지질학, 지구사 그리고 인류
A41 레이저 이야기

A42 생명의 기원
A43 공기의 탐구
A44 바이오 센서
A45 동물의 사회행동
A46 아이작 뉴턴
A47 생물학사
A48 레이저와 홀러그러피
A49 처음 3분간
A50 종교와 과학
A51 물리철학
A52 화학과 범죄
A53 수학의 약점
A54 생명이란 무엇인가
A55 양자역학의 세계상
A56 일본인과 근대과학
A57 호르몬
A58 생활 속의 화학
A59 셈과 사람과 컴퓨터
A60 우리가 먹는 화학물질
A61 물리법칙의 특성
A62 진화
A63 아시모프의 천문학 입문
A64 잃어버린 장
A65 별·은하 우주

도서목록

BLUE BACKS

1. 광합성의 세계
2. 원자핵의 세계
3. 맥스웰의 도깨비
4. 원소란 무엇인가
5. 4차원의 세계
6. 우주란 무엇인가
7. 지구란 무엇인가
8. 새로운 생물학(품절)
9. 마이컴의 제작법(절판)
10. 과학사의 새로운 관점
11. 생명의 물리학(품절)
12. 인류가 나타난 날 I (품절)
13. 인류가 나타난 날 II (품절)
14. 잠이란 무엇인가
15. 양자역학의 세계
16. 생명합성에의 길(품절)
17. 상대론적 우주론
18. 신체의 소사전
19. 생명의 탄생(품절)
20. 인간 영양학(절판)
21. 식물의 병(절판)
22. 물성물리학의 세계
23. 물리학의 재발견〈상〉
24. 생명을 만드는 물질
25. 물이란 무엇인가(품절)
26. 촉매란 무엇인가(품절)
27. 기계의 재발견
28. 공간학에의 초대(품절)
29. 행성과 생명(품절)
30. 구급의학 입문(절판)
31. 물리학의 재발견〈하〉
32. 열 번째 행성
33. 수의 장난감상자
34. 전파기술에의 초대
35. 유전독물
36. 인터페론이란 무엇인가
37. 쿼크
38. 전파기술입문
39. 유전자에 관한 50가지 기초지식
40. 4차원 문답
41. 과학적 트레이닝(절판)
42. 소립자론의 세계
43. 쉬운 역학 교실(품절)
44. 전자기파란 무엇인가
45. 초광속입자 타키온
46. 파인 세라믹스
47. 아인슈타인의 생애
48. 식물의 섹스
49. 바이오 테크놀러지
50. 새로운 화학
51. 나는 전자이다
52. 분자생물학 입문
53. 유전자가 말하는 생명의 모습
54. 분체의 과학(품절)
55. 섹스 사이언스
56. 교실에서 못 배우는 식물이야기(품절)
57. 화학이 좋아지는 책
58. 유기화학이 좋아지는 책
59. 노화는 왜 일어나는가
60. 리더십의 과학(절판)
61. DNA학 입문
62. 아몰퍼스
63. 안테나의 과학
64. 방정식의 이해와 해법
65. 단백질이란 무엇인가
66. 자석의 ABC
67. 물리학의 ABC
68. 천체관측 가이드(품절)
69. 노벨상으로 말하는 20세기 물리학
70. 지능이란 무엇인가
71. 과학자와 기독교(품절)
72. 알기 쉬운 양자론
73. 전자기학의 ABC
74. 세포의 사회(품절)
75. 산수 100가지 난문기문
76. 반물질의 세계
77. 생체막이란 무엇인가(품절)
78. 빛으로 말하는 현대물리학
79. 소사전·미생물의 수첩(품절)
80. 새로운 유기화학(품절)
81. 중성자 물리의 세계
82. 초고진공이 여는 세계
83. 프랑스 혁명과 수학자들
84. 초전도란 무엇인가
85. 괴담의 과학(품절)
86. 전파는 위험하지 않은가
87. 과학자는 왜 선취권을 노리는가?
88. 플라스마의 세계
89. 머리가 좋아지는 영양학
90. 수학 질문 상자

91. 컴퓨터 그래픽의 세계
92. 퍼스컴 통계학 입문
93. OS/2로의 초대
94. 분리의 과학
95. 바다 야채
96. 잃어버린 세계·과학의 여행
97. 식물 바이오 테크놀러지
98. 새로운 양자생물학(품절)
99. 꿈의 신소재·기능성 고분자
100. 바이오 테크놀러지 용어사전
101. Quick C 첫걸음
102. 지식공학 입문
103. 퍼스컴으로 즐기는 수학
104. PC통신 입문
105. RNA 이야기
106. 인공지능의 ABC
107. 진화론이 변하고 있다
108. 지구의 수호신·성층권 오존
109. MS-Window란 무엇인가
110. 오답으로부터 배운다
111. PC C언어 입문
112. 시간의 불가사의
113. 뇌사란 무엇인가?
114. 세라믹 센서
115. PC LAN은 무엇인가?
116. 생물물리의 최전선
117. 사람은 방사선에 왜 약한가?
118. 신기한 화학 매직
119. 모터를 알기 쉽게 배운다
120. 상대론의 ABC
121. 수학기피증의 진찰실
122. 방사능을 생각한다
123. 조리요령의 과학
124. 앞을 내다보는 통계학
125. 원주율 π의 불가사의
126. 마취의 과학
127. 양자우주를 엿보다
128. 카오스와 프랙털
129. 뇌 100가지 새로운 지식
130. 만화수학 소사전
131. 화학사 상식을 다시보다
132. 17억 년 전의 원자로
133. 다리의 모든 것
134. 식물의 생명상
135. 수학 아직 이러한 것을 모른다
136. 우리 주변의 화학물질

137. 교실에서 가르쳐주지 않는 지구이야기
138. 죽음을 초월하는 마음의 과학
139. 화학 재치문답
140. 공룡은 어떤 생물이었나
141. 시세를 연구한다
142. 스트레스와 면역
143. 나는 효소이다
144. 이기적인 유전자란 무엇인가
145. 인재는 불량사원에서 찾아라
146. 기능성 식품의 경이
147. 바이오 식품의 경이
148. 몸 속의 원소 여행
149. 궁극의 가속기 SSC와 21세기 물리학
150. 지구환경의 참과 거짓
151. 중성미자 천문학
152. 제2의 지구란 있는가
153. 아이는 이처럼 지쳐 있다
154. 중국의학에서 본 병 아닌 병
155. 화학이 만든 놀라운 기능재료
156. 수학 퍼즐 랜드
157. PC로 도전하는 원주율
158. 대인 관계의 심리학
159. PC로 즐기는 물리 시뮬레이션
160. 대인관계의 심리학
161. 화학반응은 왜 일어나는가
162. 한방의 과학
163. 초능력과 기의 수수께끼에 도전한다
164. 과학재미있는 질문 상자
165. 컴퓨터 바이러스
166. 산수 100가지 난문·기문 3
167. 속산 100의 테크닉
168. 에너지로 말하는 현대 물리학
169. 전철 안에서도 할 수 있는 정보처리
170. 슈퍼파워 효소의 경이
171. 화학 오답집
172. 태양전지를 익숙하게 다룬다
173. 무리수의 불가사의
174. 과일의 박물학
175. 응용초전도
176. 무한의 불가사의
177. 전기란 무엇인가
178. 0의 불가사의
179. 솔리톤이란 무엇인가?
180. 여자의 뇌·남자의 뇌
181. 심장병을 예방하자